U0193471

吴军 著

智能时代

5G、IoT构建超级智能新机遇

[上卷]

中信出版集团 | 北京

图书在版编目（CIP）数据

智能时代：5G、IoT 构建超级智能新机遇 / 吴军著
. -- 2 版 . -- 北京：中信出版社，2020.5（2024.6 重印）
ISBN 978-7-5217-1669-6

Ⅰ. ①智… Ⅱ. ①吴… Ⅲ. ①人工智能②数据处理
Ⅳ. ① TP18 ② TP274

中国版本图书馆 CIP 数据核字（2020）第 039017 号

智能时代——5G、IoT 构建超级智能新机遇

著　　者：吴军
出版发行：中信出版集团股份有限公司
（北京市朝阳区东三环北路 27 号嘉铭中心　邮编　100020）
承 印 者：北京盛通印刷股份有限公司

开　　本：787mm × 1092mm　1/16　　印　　张：32.25　　字　　数：310 千字
版　　次：2020 年 5 月第 2 版　　印　　次：2024 年 6月第18 次印刷
书　　号：ISBN 978–7–5217–1669–6
定　　价：129.00 元（全两卷）

谨以此书献给我的家人

目录

上卷

第一篇
人工智能的支柱

第二篇
思维的革命和商业的变革

04 思维的革命 _107

在无法确定因果关系时，数据为我们提供了解决问题的新方法，数据中所包含的信息可以帮助我们消除不确定性，而数据之间的相关性在某种程度上可以取代原来的因果关系，帮助我们得到想知道的答案，这便是大数据思维的核心。

05 大数据思维与商业 _161

今天，大部分人工智能的应用，采用的都是谷歌开源的代码。在未来我们可以看到，大数据和机器智能的工具就如同水和电这样的资源，由专门的公司提供给全社会使用。而大家要做的事情，就是思考如何利用大数据和智能工具，解决好自己的实际问题。

下卷

第三篇
智能技术的挑战与机遇

大数据和传统的数据方法是不同的，使用好大数据对相应的技术提出了新的挑战。人工智能目前的成就主要来自大数据、硬件性能和算法（数学模型）的平衡。当数据量还在激增，摩尔定律快要遇到瓶颈时，便到了我们必须迎接挑战的时候。而当新的需求出现时，又会遇到原先想不到的技术挑战。

07 迈向超级智能 _303

未来的社会将是一个超级智能的有机体。如果我们把它对应于人，那么人工智能是大脑，IoT 是神经系统。IoT 中数量巨大的传感器和设备扮演着众多感官细胞的角色，而正在发展起来的 5G 移动通信网络则相当于周围神经。区块链也是这个超级智能有机体不可或缺的部分，它扮演着承载生物信号的角色。

第四篇 智能时代与我们

08 未来智能化产业 _361

人工智能会在未来改变很多产业格局，一些新的产业会出现，但更多的改变是对现有产业的改造。在未来，那些存在了几百甚至上千年的产业还会存在，而且会发展得更好。农业、制造业、体育、医疗、法律，甚至编辑记者行业都将迎来崭新形态。我们不妨把这种变化用如下范式来概括：现有产业 + 智能技术 = 新产业。而产业的升级和变迁，会比现在的产业更好地满足人类的个性化需求，逐渐导致整个社会的升级和变迁。

在历次技术革命中，一个人、一家企业，甚至一个国家，可以选择的道路只有两条：要么加入浪潮，成为前 2% 的一员；要么观望徘徊，被淘汰。

大数据与机器智能催生智能时代

邬贺铨

中国工程院院士

大数据是当今信息社会的热词。关于数据，狭义上的数据是指在计算机科学中，所有能输入计算机并被计算机程序处理的符号介质的总称，是用于输入电子计算机进行处理的具有一定意义的数字、字母、符号和模拟量等的通称。广义上的数据，按照维基百科的定义，则是以适于更好使用或处理的方式来表示或编码的信息或知识，它可以被测量、收集、报告和分析，能够使用图形或图像来显示。按照上述定义，数据是伴随人类社会而出现的。从狭义的计算机数据的角度来看，数据从有计算机算起到现在也有 70 多年的历史了，从摩尔定律的提出到现在也有 50 多年了。这几十年来，全球数据量按每年平均 40% 的速度增长，由摩尔定律驱动的计算机处理能力也在持续增长。现在每年新增的数据量与计算机处理能力都是以前无法比拟的，但数据量与计算机处理能力之比并没有因为时间的推移而有数量级的大变化。问题是为什么现在才出现大数据热呢？

吴军的《智能时代》一书给出了答案。该书回顾了科学研究发展的四个范式，即描述自然现象的实验科学、以牛顿定律和麦克斯韦方程等为代表的理论科学、模拟复杂现象的计算科学和今天的数据密集型科学。即便在实验科学、理论科学和计算科学范式时期，数据也仍然起了重要作用。作者在介绍科学发展史时用实例说明了数据在科学发现中的位置，在牛顿和麦克斯韦时代，他们所导出的简洁的公式给出的确定性的规律是由大量观察数据验证的。现在我们面对的是更复杂的自然和社会现象，多维度和多变量导致很大的不确定性。虽然还不能用解析式来说明因果关系，但如果从足够多的数据中发现相关性也能把握事物发展的轨迹，这就是数据密集型科学产生的背景。大数据的应用缘于需求，更得益于技术的发展：互联网的宽带化和移动互联网及物联网的技术与应用源源不断地产生数据，摩尔定律所支撑的计算能力几乎是以十年千倍的速度提升，云计算的集约化运用模式降低了信息化的成本，更重要的是机器智能的发展。计算机的计算与存储能力是人远远不及的，唯一不足的是智能，但人的智能也不是与生俱来的，而是学习的结果。机器智能可以通过深度学习得到，从而将大数据挖掘问题转化为可计算问题来处理。大数据挖掘的需求加速了机器智能技术的成熟，可以说，大数据与机器智能相伴而生，促进物联网从感知到认知直至智能决策的升华，催生了智能化时代。

这是一个计算无所不在、软件定义一切、数据驱动发展的新时代。相比以蒸汽机的发明为标志、以机械化为特征的第一次工业革命，以电的发明为标志、以电气化为特征的第二次工业革命，现在以大数据应用为标志之一、以智能化为特征的新一轮产业革命到来了，它对人类文明和社会进步及经济发展的影响将不亚于前两次工业革命。

读吴军先生的《智能时代》和同样出自其笔下的《数学之美》《文明之光》，我感受到作者深厚的数学与物理功底。他对科技发展史[①]的研究情有独钟，见解深刻，以历史的眼光引导读者认识现代科技的发展趋势。他的书深入浅出，既专业又通俗。《智能时代》一书与他的前两本书相比更关注产业变革，从工业革命谈起，顺理成章导出大数据与智能化，并积极评价了大数据与机器智能对社会与产业发展的贡献。同时根据历史经验，分析了智能时代可能产生的负面影响，指出技术时代的变迁总会引起现有产业格局的重大调整，因此要抓住智能时代的机遇并认真对待挑战，力争在新一轮产业变革浪潮中占领先机。作者过去在谷歌和腾讯公司的工作经历和多年从事大数据与机器智能的研究实践，反映到了《智能时代》一书中对相关技术的准确把握。但作者并没有将笔墨的重点放在对技术的深入解读上，而是着眼于从技术的应用中体现大数据的理念，聚焦于启迪创新思维。综观全书，这是一部近代科技的历史书，也是一部科普书，还可以说是一部指导创新的教科书。由于大数据的应用必然会渗透到所有的领域，因此本书不仅值得信息技术行业科技人员一读，对关注信息化应用的其他行业的科技人员和管理人员来说也必定开卷有益。

---

① 具体可阅读《全球科技通史》一书。——编者注

推荐序二

智能时代，未来已来

李善友

混沌大学创办人

最近几年，人类在一些科技前沿领域取得了重大的突破，这些领域包括人工智能、基因技术、纳米技术等。我们看到了许多存在于科幻小说中的内容成为现实：人工智能击败了人类顶尖棋手，自动驾驶汽车技术日趋成熟，生产线上大批量的机器人取代工人……甚至在我们有生之年，可以期待看到星际航行技术的成熟。当这些曾经是对人类社会“未来”描述的事情一件件成真，或许我们可以说，已经初露端倪的“智能时代”就是人类想象中“未来”的样子。

《智能时代》这本书展现了吴军博士的真知灼见和前瞻思维，这些都来自他多年在大数据和机器智能领域的第一线实践经验。全书对大数据与智能革命带来的思维革命、技术上的挑战，以及机器智能如何改变人类社会，都做了全面的讲解。与其他一些写机器智能的书不同，这本书与作者之前的几本书一样，维持了作者对科学一贯生动而易于理解的、有温度的表述方式。

大数据是解决不确定性的良药

“用不确定的眼光看待世界，再用信息来消除这种不确定性”，是大数据解决智能问题的本质。吴军博士在书中提到了世界的不确定性来自两个方面：一是影响世界的变量太多，以至无法用数学模型来描述；二是来自客观世界本身——不确定性是我们所在宇宙的特性。因此，用机械论已经完全无法对未来进行预测。

克劳德·香农（Claude Shannon，1916—2001）这位不世出的天才，则借用热力学中“熵”的概念，引入“信息熵”，用信息论将世界的不确定性与信息联系在了一起。这个建立在不确定性上的理论，正是今天人类研究大数据与机器智能的基石。

解决智能问题，就是将问题转化为消除不确定性的问题，大数据则是解决不确定性问题的良药。可以预见，在这里会诞生无数的机会。

现有产业＋新技术＝新产业

吴军博士在书中总结了从第一次工业革命以来历次技术革命中的一个规律，即每一次技术革命都会围绕着一个核心技术展开。第一次工业革命是蒸汽机，第二次工业革命是电，信息革命是计算机和半导体芯片，当下的智能革命则是大数据和机器智能。而在每一次技术革命中，只有率先采用新技术，才能立于不败之地。在智能革命中，现有产业采用了新技术后，将会全面升级，成为新产业，这将给我们带来无限的机会。

智能革命带来前所未有的不连续性挑战

本书的一个重要观点是：机器智能革命的发生来自大数据量的积累达到质变的奇点。从这个角度来看，机器的学习同人类的学习并没有什么本质的不同。几千年以来，我们人类的知识都建立在归纳法之上。归纳法隐含的假设是“未来将继续和过去一样”，换句话说应该叫连续性假设。但即将到来的这个智能时代，可以说人类将遭遇前所未有的“不连续性”。如何在新的时代里生存，跨越底层认知的不连续性，是前进的第一步。

与工业革命相比，人工智能带来的革命程度将更深、更广。书中也提到，一些人对变化开始有了一定程度的担心，认为机器智能将在未来危及整个人类的工作机会，大多数人在未来将不再被社会需要。不可避免地，每一次大的技术革命都会带来阵痛，但同时诞生的还有更多新的机会。而要想在智能时代取得胜利，成为“2% 的人”，我们需要做的第一步，是打破现有的认知束缚。

如何在智能时代开始跨越思维的不连续性？寻找答案，此书也许是最恰当的一本。

自序

人类的胜利

2016年是机器智能历史上具有纪念意义的一年，它是一个时代的结束，也是新时代的开端。这一年距离1956年约翰·麦卡锡（John McCarthy，1927—2011）、马文·明斯基（Marvin Minsky，1927—2016）、纳撒尼尔·罗切斯特（Nathaniel Rochester，1919—2001）和克劳德·香农等人提出人工智能的概念正好过去了60年，按照中国的习惯来说，正好过去了一个甲子。而当年在达特茅斯学院提出这个概念的10位科学家中最后一位科学家明斯基也在这一年的年初离开了人世，这或许标志着人类在机器智能领域第一阶段的努力落下了帷幕。就在明斯基去世后的两个月，谷歌的围棋计算机AlphaGo（阿尔法围棋）在与世界著名选手李世石的对局中，以4∶1取得了压倒性的胜利，成为第一个战胜围棋世界冠军的机器人。它的意义要远远超过1997年IBM（国际商业机器公司）的深蓝战胜卡斯帕罗夫。因为从难度上讲，围棋比国际象棋要难6~9个数量级。这件事不仅是人类在机器智能领域取得的又一个里程碑式的胜利，而且标志着一个新的时代——智能时代的开始。

从计算机发展的角度看，智能机器在所有棋类中战胜人类其实只是一个时间问题，因为机器运算能力的提升是指数级增长的，而人类智力能够做到线性增长就不错了。因此一定存在一个时间点，在所有的棋类比赛中智能机器都会超过人。在 1997 年 IBM 的深蓝战胜卡斯帕罗夫之后，围棋不仅是计算机尚未超越人类的最后一个棋类，而且还蕴含着上千年的东方文化，即棋道。虽然大部分人相信计算机最终可以在围棋上超越人类，但总觉得那还是几年后的事情。就在 AlphaGo 和李世石比赛之前，李世石本人认为前者的水平和他相差一到两个子，也就是说，即使他让先也能 5 ： 0 获胜。中国围棋界泰斗聂卫平也认为当时的计算机是不可能战胜人类冠军的。就连曾经在谷歌工作过的 IT（信息技术）行业老兵李开复博士也不相信 AlphaGo 能赢。这并非李开复等人对当时机器智能的发展状况不够了解，而是因为下围棋是一件太难的事情。2015 年底，AlphaGo 仅仅赢了樊麾二段而已，离九段还差得远呢。但是大家忘记了一件事情，那就是 AlphaGo 水平的提高并不需要人那么长的时间，事实上在谷歌内部，大家在开赛前就已经知道 AlphaGo 的水平并不在九段之下。

2016 年 3 月 9 日，AlphaGo 和李世石之间的世纪大战开始了。AlphaGo 在第一盘出人意料地轻松获胜。当然，大部分人在赞誉 AlphaGo 水平的同时，依然认为这可能是李世石在试探计算机而已，毕竟那是五盘棋的比赛，用一盘棋试探自己毫不了解的对手未尝不是明智之举。但是当 AlphaGo 在第二盘获得连胜并且下出了很多人类预想不到的好棋后，对机器智能持怀疑态度的聂卫平等人都对它产生了敬意。在 AlphaGo 获得第三盘胜利之后，很多超一流的棋手都渴望和它一战，希望以此检验自己的水平，并且能够提高棋艺。虽然李世石在第四盘抓住 AlphaGo 的一个失误打了一个漂亮的翻身仗，但是 AlphaGo 在最后一盘稳稳地控制住局面，直到胜利。可以讲在那一次人机大战之后，围棋界对机器智能从怀疑变成了顶礼膜拜，大家都意识到，按照 AlphaGo 在过去几个月里的进步速度，只要谷歌愿意继续进行科研，很快人类所有的围棋高手都无法和它过招儿了。

计算机之所以能战胜人类，是因为机器获得智能的方式和人类不同，它不是靠逻辑推理，而是靠大数据和智能算法。在数据方面，谷歌使用了几十万盘围棋高手之间对弈的数据来训练 AlphaGo，这是它获得所谓“智能”的原因。在计算方面，谷歌采用了上万台服务器来训练 AlphaGo 下棋的数学模型，并且让不同版本的 AlphaGo 相互对弈了上千万盘，这才保证它能做到“算无遗策”。具体到下棋的策略，AlphaGo 有两个关键技术。第一个关键技术是把棋盘上当前的状态变成一个获胜概率的数学模型，这个模型里面没有任何人工规则，而是完全靠前面所说的数据训练出来的。第二个关键技术是启发式搜索算法——蒙特卡洛树搜索算法（Monte Carlo Tree Search），它能将搜索的空间限制在非常有限的范围内，保证计算机能够快速找到好的下法。虽然训练 AlphaGo 使用了上万台服务器，但是它在和李世石对弈时仅仅用了几十台服务器（1 000 多个中央处理器的内核以及 100 多个图形处理器）。相比国际象棋，围棋的搜索空间要大很多倍。

AlphaGo 的计算能力相比深蓝，其实并没有这么多倍的提高，它靠的是好的搜索算法，能够准确地聚焦搜索空间，因此能够在很短的时间里算出最佳行棋步骤。由此可见，下围棋这个看似智能型的问题，从本质上讲，是一个大数据和算法的问题。

当然，谷歌开发 AlphaGo 的最终目的，并非要证明计算机下棋比人类强，而是要开发一种机器学习的工具，让计算机能够解决智能型问题。AlphaGo 和李世石对弈，实际上是对当今机器智能水平的一个测试。从樊麾到李世石，他们实际上是用自己的专才在帮助谷歌测试机器智能的发展水平。在人机对弈的第四盘李世石反败为胜的过程中，他无意中发现了 AlphaGo 的一个缺陷。因此，谷歌的成功里面也有李世石等棋手的功劳。从这个角度来讲，AlphaGo 的胜利标志着人类在机器智能方面达到了一个崭新的水平，因此它是人类的胜利。

无论是在训练模型还是在下棋时，AlphaGo 所采用的算法都是几十年前大家就已经知道的机器学习和博弈树搜索算法，谷歌所做的工作是让这些算法能够在上万台甚至上百万台服务器上并行运行，这就使计算机解决智能问题的能力有了本质的提高。这些算法并非专门针对下棋而设计，其中很多已经在其他智能应用领域（比如语音识别、机器翻译、图像识别和智能医疗）获得了成功。AlphaGo 成功的意义不仅在于它标志着机器智能的水平上了一个新的台阶，还在于计算机可以解决更多的智能问题。今天，计算机已经开始完成很多过去必须用人的智力才能够完成的任务，比如医疗诊断、阅读和处理文件、自动回答问题、撰写新闻稿、驾驶汽车等。可以讲，AlphaGo 的获胜，宣告了机器智能时代的到来。

AlphaGo 的获胜让一些不了解机器智能的人开始杞人忧天，担心机器在未来能够控制人类。这种担心是不必要的，因为 AlphaGo 的灵魂是计算机科学家为它编写的程序。机器不会控制人类，但是制造智能机器的人可以。而科技在人类进步中总是扮演着最活跃、最革命的角色，它的发展是无法阻止的。我们能做的就是面对现实，抓住智能革命的机遇，而不是回避它、否定它和阻止它。未来的社会，属于那些具有创意的人，包括计算机科学家，而不属于掌握某种技能做重复性工作的人。

我们出版这本书，希望能让大家更多地了解大数据的本质、作用及其和机器智能的关系、机器智能的原理和发展历程，以及它们对未来产业和社会的影响。本书一共分为四篇，共九章。第一篇（第一到第三章）介绍大数据和机器智能的原理和基础、机器智能的发展历程及其关键的深度学习技术。第二篇（第四和第五章）介绍大数据和机器智能所带来的思维革命。第三篇（第六和第七章）介绍智能革命自身的技术挑战和机遇。第四篇（第八和第九章）介绍智能革命对产业、社会以及对个人所带来的机会和冲击。书中的核心内容来自我在混沌大学和一些大学商学院授课的讲义，但是考虑到大家读书和听课毕竟有很大的区别，因此在将讲义改写成书的时候，我增加了大量的案例和历史背景介绍，以方便大家能够系统地了解大数据和机器智能的来龙去脉，以及我们对未来进行分析的依据。

本书的出版，在很大程度上是混沌大学联合创办人曾兴晔女士、空无边处出版团队的张娴和郑婷女士，以及中信出版集团经管分社的社长朱虹、副社长赵辉、主编张艳霞等相关人员积极推动的结果。著名的信息领域专家、中国工程院院士邬贺铨院士，混沌大学创办人李善友教授，在百忙中为本书写了序言。上海交通大学图像通信与网络工程研究所王延峰博士对本书的内容提供了宝贵的参考意见。在此我对他们表示衷心的感谢。由于本人水平有限，书中不免有这样或者那样的错误，希望广大读者朋友不吝赐教指正。

2020 年 1 月于硅谷

第一篇

人工智能的支柱

在这一篇，我们将用三章的篇幅回答这样一些问题：

- 什么是人工智能（或者机器智能）？它是由谁最先提出的，又是如何一步步发展到今天的？
- 人工智能是否就是让计算机模仿人？如果不是，计算机获得智能的方式和人类又有何区别？
- 人工智能是如何产生的？为什么它在今天这个时间点爆发？支撑它的关键是什么？

01

一切从数据开始

如果我们把资本和机械动能作为大航海时代以来全球近代化的推动力，那么数据则是我们正在经历的智能革命的核心动力。要了解人工智能，就要从数据说起。

在很多人的印象中，数据就是数字，或者必须是由数字构成的。其实不然，数据的范畴比数字要大得多。互联网上的任何内容，比如文字、图片和视频是数据；医院里包括医学影像在内的所有档案是数据；公司和工厂里的各种设计图纸是数据；出土文物上的文字、图示，甚至它们的尺寸、材料，都是数据；甚至宇宙在形成过程中也留下了许多数据，比如宇宙中的基本粒子数量。虽然数据本身是客观存在的，但是它的范畴是随着文明的进程不断变化和扩大的。

数据、信息和知识

在计算机出现之前，一般书籍上的文字内容并不被看成是数据，而今天，这种以语言和文字形式存在的内容是全世界各种信息处理中最重要的数据，也是全世界通信领域和信息科技产业的核心数据——包括我们的信件、电话和电子邮件内容，电视和广播节目，互联网网页，以及各种社交产品中由用户产生的内容（user generated content，简称 UGC）。这些数据的共同特点是以语音和文字为载体。因此，研究人员为了更好地研究和处理它们，还建立了专门针对语音和文字的数据库，即所谓的语料库（Corpus）。在语料库中，数据主要是语音和文字的内容，反而没有多少数字的内容。

图 1–1　互联网上的数据

将数据的外延再扩大，那些医学影像资料、工业中的各种设计图纸都可以被划分为数据，事实上，它们已经是今天大数据处理的对象了。我们人类的活动本身，也可以被看成是一种特殊的数据，比如我们玩游戏的行为，我们的社会关系，我们每天的活动，等等。可以想象，我们的下一代所谈论的数据，一定比今天的范围更广泛。可以说，数据是文明的基石，人类对它的认识也反映了文明的程度。

人们在谈论数据时，常常把它和信息的概念混同起来，比如在谈论数据处理和信息处理时，其实人们想要表达的意思相差不大。然而严格地讲，数据和信息虽然有相通之处，但还是不同的。

信息是关于世界、人和事的描述，它比数据来得抽象。信息既可以是我们人类创造的，比如两个人的语音通话记录，也可以是天然存在的客观事实，比如地球的面积和质量。不过信息有时藏在事物的背后，需要挖掘和测量才能得到，比如宇宙大爆炸时留下的证据——3K背景辐射[①]、物理学定律中的参数、日月星辰运行的周期等。在西方很多物理学家看来，上帝在创造宇宙时，将很多信息埋藏在了黑暗之中，他们的工作就是找到这些信息，并且用数据把它们描述清楚。因此，在这种前提下，将信息和数据混为一谈倒也无害。

不过，数据和信息还是稍有不同。虽然数据最大的作用在于承载信息，但是并非所有的数据都承载了有意义的信息。数据本身是人造物，因此它们可以被随意制造，甚至可以被伪造。没有信息的数据通常没有太大意义，人们也不太关心，因此这些数据不是本书想要讨论的重点。伪造出的数据则有副作用，比如我在《数学之美》中不断提到的为了优化网页搜索排名而人为制造出来的各种作弊数据。另外，我们还需要强调，那些有用的数据、毫无意义的数据和伪造的数据常常是混在一起的，后面两种数据无疑会干扰我们从数据中获取有用的信息。因此，如何处理数据，过滤掉没有用的噪声和删除有害的数

① 关于3K背景辐射的更多描述，读者朋友可以参阅拙著《文明之光》。

据，从而获取数据背后的信息，就成为一门技术甚至是一种艺术。只有善用数据，我们才能够得到意想不到的惊喜，即数据背后的信息。我们不妨看一个如何通过数据得到信息的例子（见图 1–2）。

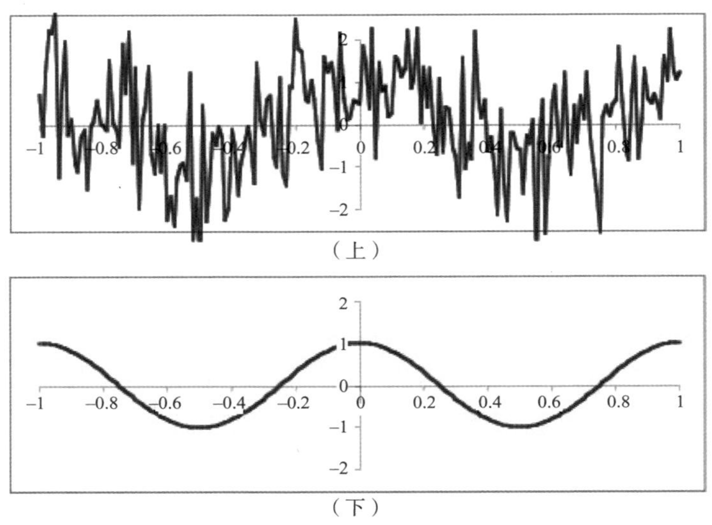

图 1–2　埋藏在噪声（上图）中的信息（下图）

在距今约 4 600 年前的公元前 26 世纪，古埃及人已经掌握了很多数学知识。他们在建造胡夫大金字塔时，将这样的信息通过数据告诉了我们。比如，大金字塔的周长和高度的比值大约为 6.29。这大致是圆的周长和半径的比例，即两倍的圆周率（2π），误差在千分之一左右。当然，大金字塔留下的最有意义的数字可能是法老墓室的尺寸（见图 1–3）。它有 20 埃及古尺[①]长，10 埃及古尺宽，比例正好是 2∶1，

① 埃及古尺：英文为 royal cubits，直译为“皇家肘”，估计和英尺类似，是某个法老的肘长。1 埃及古尺约为 0.524 米。

但是高度为 11.18 埃及古尺，并不是个整数。为什么法老要选用这样一个奇怪的数字呢？因为 11.18 正好是$5\sqrt{5}$，也就是墓室宽度的$\sqrt{5}/2$倍，这个高度保证了两面墙的对角线长度是个整数——15 埃及古尺，因为根据勾股定理[①]：

$$10^2+\left(5\sqrt{5}\right)^2=225=15^2$$

不仅如此，墓室的两个最远的顶点之间的距离也是整数，即 25 埃及古尺，因为同样根据勾股定理：

$$15^2+20^2=625=25^2$$

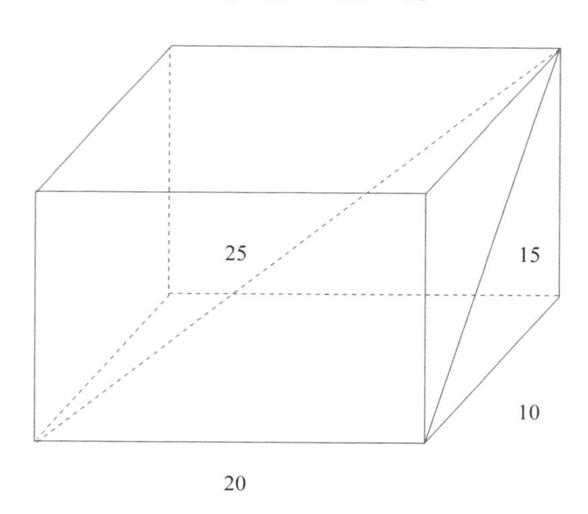

图 1–3 大金字塔墓室的尺寸示意图

从这个墓室的尺寸，我们分析出 4 600 年前的古埃及人已经知道

① 勾股定理的严格证明直到古埃及 2 000 年后的毕达哥拉斯（Pythagoras）才完成。

了勾股定理，进而可以知道那个时期古埃及文明大致发展到了什么水平。这就是从数据得到信息很好的例子。

数据中隐藏的信息和知识是客观存在的，但是只有具有相关领域专业知识的人才能将它们挖掘出来。比如大金字塔的这组数据，如果让一个盗墓者看到，他可能联想不到任何事情，但是在数学家或者考古学家眼里却意义重大，因为前者不具备后者所拥有的数据处理能力。处理信息和数据可以说是人类特有的本事，而这个本事的大小和现代智人的社会发展有关。今天我们还能找到这样的原始部落，他们对数字的认识只有 1、2、“少量”和“很多”一共四种衡量方式。但是随着人类的进步以及处理数据和信息的能力不断增强，人类从数据中获取有用信息的能力就越来越强，这就是今天所说的大数据应用的基础。

对数据和信息进行处理后，人类就可以获得知识。知识比信息更高一个层次，也更加抽象，它具有系统性的特征。比如，通过测量星球的位置和对应的时间，就得到了数据；通过这些数据得到星球运动的轨迹，就是信息；通过信息总结出开普勒三定律，就是知识。人类的进步就是靠使用知识不断地改变我们的生活和周围的世界，而数据是知识的基础。在下一节里我们不妨看看人类是如何利用数据改变世界的。

数据的作用：文明的基石

早期人类得到的数据是从哪里来的？其中一个重要的来源是对现

象的观察。从观察中总结出数据，是人类和动物的重要区别。后者虽具有观察能力，却无法总结出数据，但是人类有这个能力。而得到数据和使用数据的能力，是衡量文明发展水平的标准之一。

我们的文明从一开始就伴随着对数据的使用，可以说数据是文明的基石。人类最初希望了解到的是周围的世界，这样可以更好地生活。早在古埃及法老们开始修建金字塔的几千年之前，闪米特人[①]和当地的土著就在尼罗河畔辛勤耕耘了。为什么他们会选择在那个地方定居呢？除了气候温暖之外，最重要的原因是每年尼罗河都会发洪水，洪水退去之后留下大片肥沃的土地供他们耕耘收获。为了准确预测洪水到来和退去的时间，以及洪水的大小[②]，当时的古埃及人开始观察天象，并且在观察数据的基础上开创了天文学。他们根据天狼星和太阳同时出现的位置来判断一年中农耕的时间和节气，然后准确地判断洪水可能到达的边界和时间。古埃及人观察到一年的时间不是正好365天，而是多了一点，但在古埃及的历法中又没有闰年，于是他们用了一个非常长的“季度”，长达 $365 \times 4 + 1 = 1\,461$ 天。因为每隔这么多天，太阳和天狼星就一起升起。事实证明，以天狼星和太阳同时出现作为参照系比以太阳作为参照系更准确些。这实际上也说明了好的模型要和数据相吻合的道理，因此古埃及人已经有了从数据中总结数学模型的基本能力。

通过上述天文学的起源和发展历程，我们可以清晰地了解到数

① 闪米特人是亚非大陆上一个古老的民族，今天的阿拉伯人和犹太人都是闪米特人的分支。

② 预测洪水的大小是为了准确测量可耕种土地的边界。

图 1–4　古埃及人为了农业的收成而发展起天文学

据在人类发展过程中所产生的巨大作用。人类另一个古老的文明中心是美索不达米亚[①]平原，那里的苏美尔人对天文学有了进一步的发展。他们根据观察发现，月亮每隔 28~29 天就完成从新月到满月再回到新月的周期。他们同时观察到每年有四季之分，每过 12~13 个月亮的周期，太阳就回到原来的位置，这样他们就发明了太阴历。历法实际上就是对天文现象的一个数据化描述。苏美尔人还观测到了五大行星（金、木、水、火、土，因为肉眼看不到天王星和海王星）运行的轨迹不是简单地围绕地球转，而是波浪形的。西方语言中“行

① 美索不达米亚的原意是指两条河之间的土地。

星”（planet）一词的意思就是漂移的星球。他们还观测到行星在近日点运动比远日点快，以及金星大约每4年在天上画一个五角星（见图1–5），他们记录了这些信息。在美索不达米亚文明中，当地的数学家一直试图利用他们所获得的天文观测数据建立起我们今天所说的数学模型，来完成从数据到知识的过程。利用这些模型，美索不达米亚人能够计算出月亮和五大行星的运行周期，并且能够预测日食和月食。

图 1–5　从地球上看到的金星运行轨迹

从这些例子可以看出，人类的文明过程其实伴随着如图1–6所示的这样一个过程。

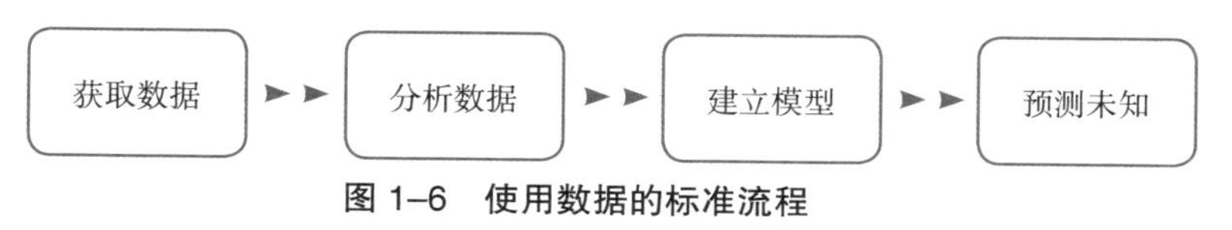

图 1–6　使用数据的标准流程

由此可见，数据在人类文明中起到了基石的作用。

到了古希腊文明时期，地中海沿岸的学者们学习继承了美索不达米亚文明的成果。公元前 551 年，古希腊科学和哲学的集大成者毕达哥拉斯来到米利都（Miletus）[①]、得洛斯（Delos）[②] 等地，拜访了当时著名的数学家和天文学家泰勒斯（Thales，约前 624—前 547 或 546）[③]、阿那克西曼德（Anaximander，约前 610—前 546）[④] 和菲尔库德斯（Pherecydes，生平不详）[⑤] 等人，并成了他们的学生，他还把美索不达米亚的数学和天文学成就带回了古希腊地区。在这之后，古希腊成了全世界数学和天文学研究的中心。后来柏拉图的学生欧多克索斯（Eudoxus ，约前 408—前 347）建立了地心说的早期模型，阿基米德（Archimedes，前 287—前 212）则建立了日心说模型的原型。而最终利用数据建立起描述天体运动模型的是著名天文学家托勒密。

托勒密的伟大之处在于用小圆套大圆的方法，精确地计算出了所有行星运动的轨迹（如图 1–7 所示）。托勒密继承了毕达哥拉斯的一些思想，他也认为圆是最完美的几何图形，因此，所有天体均以匀速度按完全圆形的轨道旋转。事实上，后来日心说的提出者哥白尼也坚持

---

① 米利都是位于安那托利亚西海岸线上的一座古希腊城邦，靠近米安得尔河口，今属土耳其，以米利都学派而闻名。

② 得洛斯是古希腊的宗教圣地，相传是太阳神和月神的出生地。

③ 泰勒斯是古希腊七贤之一，古希腊及西方第一个自然科学家和哲学家，他开创了米利都学派。该学派用理性思维和观测到的事实而不是用古希腊神话来解释世界。在几何学上，泰勒斯懂得了相似三角形的原理，并利用影子长度计算出大金字塔的高度。

④ 阿那克西曼德是泰勒斯的学生，米利都学派的重要学者。

⑤ 菲尔库德斯是得洛斯的著名学者，提出了物质不灭和生物进化的理论。

认为天体运动的模型必须符合毕达哥拉斯的思想。但是实际上天体以变速度按椭圆轨道绕地球以外的中心——太阳——运动。为了维护原来的基本假设，他就必须用小圆套在大圆之上的方法解释了。托勒密使用了 3 种尺寸的圆相互嵌套的模型，即本轮、偏心圆和均轮，这样他就能对五大行星的轨道给出合理的描述。不过这五大行星的轨道无法用一组圆来统一描述，因此，托勒密用了很多个圆分别描述，互相嵌套的大小圆多达 40~60 个。

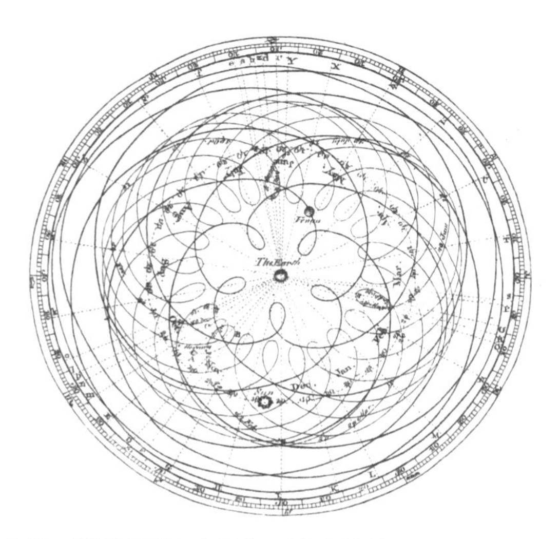

图 1–7　托勒密用多个圆相互嵌套的模型来描述行星运动

托勒密认为模型必须与观测数据相吻合（这种想法从古埃及开始就有了），这就要感谢喜帕恰斯（Hipparchus，约前 190—前 125）为托勒密留下了很多观测数据，使得托勒密的模型能够建立得很准确。托勒密的追随者宣称托勒密地心说的模型和之前 800 多年的观测数据相吻合，这种说法可能有点夸大。今天有证据表明，在托勒密的时代，人类可能只记载了 100 多年的观测数据。不过即便只能和 100 多年的数据相契合，这个模型也很了不起了。托勒密根据自己的模型绘制了一张表，预测了今后某个时候某个星球所在的位置。托勒密模型的精度之高，让后来所有的科学家都惊叹不已。即使今天，在计算机的帮助下，我们也很难解出 40 个套在一起的圆的方程。每每想到这里，我都由衷地佩服托勒密。托勒密根据计算，制定了关于日月星辰位置的《实用天文表》(*Handy Tables*)，和当时的儒略历①相吻合，即每年 365 天，每 4 年有一个闰年，闰年为 366 天。其后 1 500 年，人们根据儒略历和《实用天文表》决定农时。但是，经过了 1 500 年后，托勒密对太阳运动的累积误差还是多出了 10 天。由于这 10 天的差别，欧洲的农民从事农业生产的日期几乎差了一个节气，很影响农业生产。1582 年，教皇格列高利十三世在日历上取消了 10 天，然后将每一个世纪最后一年的闰年改成平年，每 400 年再插回一个闰年，这就是我们今天用的日历。这个日历几乎没有误差。为了纪念格列高利十三世，我们今天的日历也叫作格列高利日历。

格列高利十三世之所以能“凑出”准确的历法，即每 400 年比儒略历减少 3 个闰年，其实也是根据上千年的历史数据。当然，格列高利十三世没有本事修正托勒密的模型，而波兰天文学家哥白尼则从另

① 儒略历，由罗马共和国独裁官儒略·恺撒（盖乌斯·尤里乌斯·恺撒）采纳数学家兼天文学家索西琴尼的计算后，于公元前 45 年 1 月 1 日起执行的取代旧罗马历法的一种历法。在儒略历中，一年被划分为 12 个月，大小月交替；四年一闰，平年 365 日，闰年 366 日，即在当年二月底增加一闰日，年平均长度为 365.25 日。

图 1–8　格列高利的墓碑，左下角那本书代表他的历法

一个角度看问题，提出了日心说的模型，它的好处是只需要 8~10 个圆，就能计算出一个行星的运动轨迹。但遗憾的是，哥白尼正确的假设并没有得到比托勒密更好的结果，他的模型误差比托勒密模型的误差要大不少，很重要的原因是哥白尼缺乏数据。由于早期的日心说模型并不比托勒密的地心说模型更准确，因此不能让人心服口服地接受。日心说要发展，就得更准确地描述行星运动。

完成这一使命的是约翰内斯 · 开普勒（Johannes Kepler，1571—1630）。开普勒在所有一流的天文学家中资质较差，一生中犯了无数低级的错误。但是他有两样别人没有的东西，第一是从他的老师第谷（Tycho Brahe，1546—1601）手中继承的大量的、在当时最精确的观测数据。第二是运气，开普勒很幸运地发现了行星围绕太阳运转的轨道实际上是椭圆形的，这样不需要用多个小圆套在大圆之上，而只要用一个椭圆就能将星体运动规律描述清楚（见图 1–9）。开普勒为此提出了三个定律，形式都非常简单，而且非常准确。至于为什么是椭圆的，开普勒也说不清楚，他其实只是碰巧找到了一个模型能够比较好地拟合全部观测数据罢了。在开普勒之后，牛顿提出了万有引力定律，这才彻底解释了为什么天体运动的轨迹是椭圆形的。牛顿还修正了开普勒的椭圆模型，椭圆的焦点从太阳移到了太阳系的重心[①]。

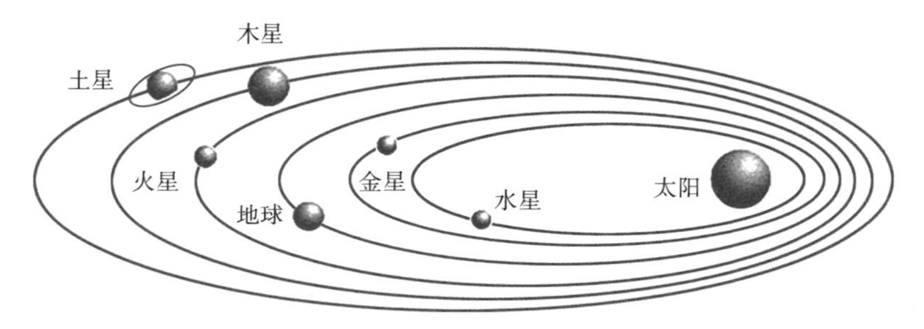

图 1–9　开普勒发现的太阳系模型

数据的重要性不仅表现在科学研究中，而且渗透到我们社会生活的方方面面。虽然中国古代不像古希腊和古罗马那样重视自然科学，但是在使用数据上一点也不比西方少。中国的历史从某种意义上讲是通过对数据进行收集、处理和总结而写成的。在中国的远古传说中，有伏羲演八卦的故事。伏羲是中国上古的三皇之一，比我们说的炎、黄二帝还要早得多。也有人说他其实不是一个人，而是代表一个部落，当然这个并不重要。据说他发明了八卦，并且可以通过它推演未来的吉凶。伏羲演八卦准不准，我们这里不做评论，但是这件事说明在远古人们已经懂得把未来的吉凶根据不同的条件

① 更准确的说法是“太阳系的质心”。

（实际上是输入数据）归纳成 8 种或者 64 种可能的结果（输出数据）。之所以能够对未来这样分类，并且有很多人相信它（虽然我不太相信），是因为很多人认为过去所听到的、看到的事情（也是数据）证明了这么归纳分类的正确性。到了农耕文明时代，先前的很多生活经验，比如什么时候开始播种，什么时候可以收获，常常就是从“数据”中总结出来的，只是那时还没有文字，或者很多人不识字，大家只能一代代地口耳相传。

我们从天文学的发展历程中可以看出，数据的作用自古有之，并非到了今天大数据时代大家才意识到。但是在过去，数据的作用常常被人们忽视。这里面有两个原因，首先是由于过去数据量不足，积累大量的数据所需要的时间太长，以至在较短的时间里它的作用不明显。其次，数据和所想获得的信息之间的联系通常是间接的，它要通过不同数据之间的相关性才能体现出来。可以说，相关性是让数据发挥出作用的魔棒。

相关性：使用数据的钥匙

我们不妨通过下面的例子来说明数据相关性的重要性。

20 世纪 70 年代，中国的国际交往开始恢复正常。为了加快中国的建设，中国政府决定向其他国家就一些重大建设项目进行招标，其中一项是大庆油田石油设备。当时大庆油田的情况中国政府对外保密，西方国家了解甚少，甚至连它的具体地点都不知道。但是来自日本的投标却非常有针对性并且一举中标，其背后的原因是，日本人通过 1964 年中国的《人民画报》上刊登的铁人王进喜的照片（见图 1–10），分析出了关于大庆油田的许多细节信息。

在照片中，王进喜穿着厚棉袄，戴着大皮帽，握着钻井机的扳手眺望远方，背景是高高的井架。在一般人看来，这张照片除了体现出石油工人的豪迈之气，并没有什么特别的地方，但是在日本情报人员看来却披露出许多信息。

图 1–10 1964 年，《人民画报》上刊登的王进喜的照片

首先它泄露了大庆油田的位置。根据王进喜穿的厚棉袄和戴的大皮帽，可以断定油田一定是在中国极北的地区，日本人估计油田应该在哈尔滨和齐齐哈尔之间。其次从背景中井架的密度，大致可以估算出油田的产量。最后从王进喜握手柄的方式，大致能推算出油井的直径。由于日本人获得了关于大庆油田相对准确的信息，因此他们提供的设备非常有针对性，中标也就没有悬念了。

从这个事例中我们可以看出，数据之间常常有我们想象不到的相关性，利用这种相关性，不仅可以获得想要的信息，而且还可能得到意想不到的惊喜。在大数据时代即将到来的时候，一些人敏锐地觉察到了这一点。

2002 年初，我到谷歌面试的时候，面试我的其中一位工程师是阿米特 · 帕特尔（Amit Patel），他是一位数学博士，考了我一些数学问题，由于我回答得很快，所以剩下很多时间聊一些别的事情。我就问他在谷歌里面做些什么。通常谷歌人喜欢故弄玄虚，不告诉你他们工作的细节，但是帕特尔倒是挺坦诚。他给我随手画了一张图（见图 1–11）。

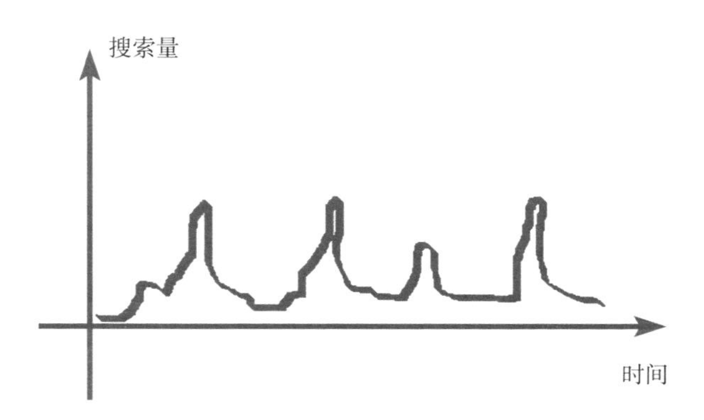

图 1–11　谷歌用户在不同时间点对某个电视节目的搜索量

他在图中画出的是从谷歌内部看到的用户在不同时间点对某个电

视节目的搜索量。帕特尔问我为什么会出现 4 个高峰，我说可能是大家在看节目的前后回到谷歌上搜索这个节目，至于 4 个高峰，是因为美国跨了 4 个时区，节目播出的时间各差一个小时。帕特尔同意我这个说法，他又补充道，其实通过它以及各个时区的人口，可以了解到不同电视节目在不同地区（各个时区）的收视率。这样，帕特尔就将搜索量和收视率联系起来了。我称赞他这个发现很有意思，帕特尔感慨道，因为这个工作没有太多经济利益，因此在公司里无法获得多少资源。

几个月后，我加入了谷歌，发现帕特尔在谷歌确实不是很受人重视。他加入谷歌很早，但是人们知道他仅仅是因为他要求和当时新来的 CEO（首席执行官）施密特挤一间办公室，而不是他所做的工作。好在谷歌总是支持每个人干自己喜欢的事情，因此帕特尔就在谷歌内部一直研究搜索的模式。

到了 2007 年，帕特尔突然在全世界声名鹊起，因为他的研究成果被几个工程师开发成了谷歌的一款产品——谷歌趋势（Google Trends）。利用这款产品，任何人都可以看到全世界用户在谷歌上搜索的关键词随着时间和地点变化的趋势，从而知道大家关注什么事情。比如，在 2015 年底的巴黎气候大会期间，全球范围内“气候变化”（climate change）的搜索量暴增（见图 1–12）。

当然，如果仅仅是看看搜索趋势的变化，这可能不过是一个小工具而已。但是，如果把搜索和其他事情关联起来，就能发现非常重要的信息。

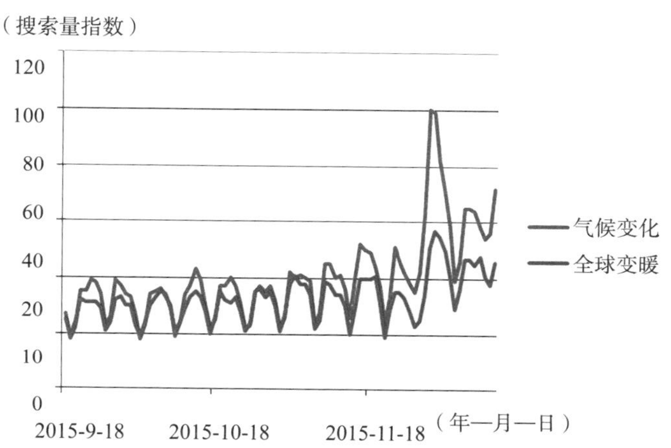

图 1–12 “气候变化”和“全球变暖”在谷歌上搜索量的变化

数据来源：Google Trends 导出数据

2009年，人类发现一种新的流感病毒——甲型H1N1禽流感病毒，短短的一个月内由该病毒导致的疾病就在全球迅速蔓延开来。这让大家想起了 1918 年欧洲的大流感，当时有 5 亿人口受到威胁，并且有 5 000 万 ~1 亿人死亡①，因此甲型 H1N1 禽流感引起了全世界的恐慌。当时还没有研制出对抗这种流感的疫苗，因此公共卫生专家只能先设法知道这种禽流感流行到了哪里，以便防止它的进一步传播。

过去预报疫情的方法是由各地医院、诊所和医务人员向美国疾病控制和预防中心（Centers for Disease Control and Prevention，简称 CDC）上报。但是这种方法的延时大约有 10 天至两周，而两周内疫

① Knobler, S.; Mack, A.; Mahmoud, A.; et al. (eds.). *The Story of Influenza.The Threat of Pandemic Influenza: Are We Ready?Workshop Summary (2005).* Washington, D.C.: The National Academies Press. pp. 60–61.

情早已迅速扩散，因此公共卫生专家需要找到新的办法预测和监控疫情。值得庆幸的是，CDC 的科学家和谷歌的工程师从 2007 年到 2008 年一起合作研究了流行病传播和各地区搜索量变化的关系，并且于 2009 年 2 月在著名的《自然》杂志上发表了他们的研究成果[①]—— 通过各地区用户在谷歌上搜索和流感有关的关键词的趋势变化，预测流感流行到什么地方了。谷歌的工程师们从 4.5 亿种关键词的组合中，最终挑出 45 个重要的检索词条和 55 个次重要词条（归并成 12 类，参见本章后附录）作为特征，训练了一个线性回归模型[②]预测 2007 年和 2008 年冬季流感传播的趋势和地点，并且将机器预测的结果和 CDC 公布的数据进行比对，发现准确率高达 97% 以上。

受到这篇论文的启发，CDC 在 2009 年了解禽流感疫情时采用了同样的方法，获得了更有效、更及时的数据。这个案例后来被各种媒体报道，成为利用大数据解决医疗问题的经典案例。在这个例子中，最关键的是建立起了数据之间的相关性，即疾病传播和该地区搜索关键词变化的关系。

很多时候，我们无法直接获得信息（比如疫情传播情况），但是我们可以将相关联的信息（比如各地搜索情况）量化，然后通过数学模型，间接地得到所要的信息。而各种数学模型的基础都离不开概率论和统计学。

---

① Jeremy Ginsberg, Matthew H. Mohebbi, Rajan S. Patel, Lynnette Brammer, Mark S. Smolinski and Larry Brilliant, Detecting influenza epidemics using search engine query data, *Nature* Vol 457, 19 February 2009.

② 关于线性回归模型的更多细节，请参见拙著《数学之美》。

统计学：点石成金的魔棒

最初研究概率论的并非数学家，而是一群赌徒和投机者。直到今天，很多研究纯数学的数学家都不把概率论当作数学，而将它看成一门独立的学科。统计学，有时又被称为数理统计，是建立在概率论基础之上收集、处理和分析数据，找到数据内在的相关性和规律性的学科。在这里，我们就不详细介绍概率论和统计学了，不过我们这里要强调统计学中数据采集的两个要点——量和质。

先讲讲数据量的问题。要想取得准确的统计结果，统计首先要求数据量充足。比如，我们想了解电影院的观众年龄分布，以便做市场推广。假定我们把观众群分为 15 岁及以下、16~25 岁、26~40 岁和 41 岁及以上四个人群。要了解每个人群的比例，一个简单的办法就是到电影院门口去问一问那些看电影的人的年龄。比如，我们通过调查，了解到大约有 343 人在 15 岁及以下，459 人在 16~25 岁，386 人在 26~40 岁，而 490 人在 41 岁及以上，我们大致可以得出这样的结论：

> 15 岁及以下的观众占 20% 左右；16~25 岁的观众超过四分之一，但不到三成；26~40 岁的观众略少于四分之一；41 岁及以上的观众最多，大约占到了三成。

但是，如果我们只在周末的晚上抽样调查了 10 个人，发现有 3

个 15 岁及以下的观众，5 个 16~25 岁的观众，2 个 26~40 岁的观众，我们显然不能得出 25 岁及以下的观众占了八成，而 41 岁及以上的中年人从来不来电影院的结论。我想大部分读者都会同意这样一个观点，在统计样本数量不充分的情况下，统计数字毫无意义。至于需要多少数据统计结果（在我们这个问题里是概率的估计）才是准确的，这就需要进行定量分析了。

越想要得到准确的统计结果，需要的统计数据量就越大。在上面的例子中，统计的样本总数是 1 678 人，要得出大致结论是足够了。但是如果我们一定要说"41 岁及以上的观众就是 29.2%"，或者"15 岁及以下的观众一定超过 20%"那样非常确定的话，大家就可能会挑

图 1–13　这场电影显然中老年观众偏多，如果统计量不够，得到的结论未必反映真实情况

战这个结论了。因为统计是有随机性的，也是有误差的，仅仅上千人的数据得不到这样准确的结论。

统计除了要求数据量必须充分以外，还要求采样的数据具有代表性，即数据质的问题。有些时候不是数据量足够大，统计结果就一定准确，统计所使用的数据必须和我们想统计的目标相一致。为了说明这一点，让我们来看一个大量统计却没有得到准确估计的案例。

在 1936 年的美国总统大选前夕，当时著名的民意调查机构《文学文摘》（*The Literary Digest*）预测共和党候选人兰登会赢。此前，《文学文摘》已经连续 4 次成功地预测了总统大选的结果，这一次它收回 240 万份问卷，比前几次多得多，统计量应该是足够了，因此民众们相信其预测结果。不过，当时一位名不见经传的新闻学教授（也是统计学家）乔治·盖洛普（George Gallup，1901—1984）却对大选结果提出了相反的看法。他通过对 5 万人意见的统计，得出了民主党候选人罗斯福会连任的结论。后来的大选结果证实是采用少量样本的盖洛普对了。面对迷惑的民众，盖洛普解释了其中的原因：《文学文摘》统计的样本数量虽然多，但是不具有代表性，它的调查员根据电话本上的地址发送问卷，而当年美国只有一半的家庭安装了电话，这些家庭的收入相对偏高——他们大多支持共和党。而盖洛普在设计统计样本时，考虑到了美国选民种族、性别、年龄和收入等各种因素，因此虽然只有 5 万个样本，却更有代表性。这个例子说明统计样本代表性的重要性。

Today

AMERICA SPEAKS

THE NATIONAL WEEKLY POLL of PUBLIC OPINION

Next Sunday

Institute Forecasts the Re-election of Franklin D. Roosevelt, Gives Him 54% of Popular Vote, Minimum of 315 Electors

Major Party Percent Is 55.7; New York in F.D.R. 'Sure' Column

Election Forecast

Election Will Test Clashing Poll Methods

图 1–14　1936 年，盖洛普正确预测了总统大选的结果

在盖洛普之后，各种民意调查和统计公司都试图设计出具有代表性的样本，以便用相对少的数据精确地统计出想要知道的结论。然而是否设计好了，没有人知道。有时人们甚至根据结论倒推当初的样本设计，结论准确了，就说当初的样本假设是没有问题的，否则就说样本没有设计好。这其实是“马后炮”，但是在大数据出现之前，这个问题难以解决。

我们不妨依然用盖洛普的例子来说明样本设计之难。在 1936 年成功地预测了大选结果之后，盖洛普不仅个人一夜成名，而且还催生出一个直到今天仍具权威性的民调公司——盖洛普公司。在这之后，该公司又成功地预测了1940年和1944年两次大选。在1948年底美国大选前夕，盖洛普公布了一个自认为颇为准确的结论——共和党候选人杜威将在大选中以比较大的优势击败当时的总统、民主党候选人杜鲁门。由于盖洛普公司前三次的成功，在大选前很多人，包括蒋介石，都相信这个结论。但是，大选的结果大家都清楚，杜鲁门以比较大的优势获胜。这不仅让很多人大跌眼镜，而且让大家对盖洛普公司的民调方法产生了质疑——虽然盖洛普公司考虑了选民的收入、性别、种族和年龄的因素，但是还有非常多的其他因素，以及这些因素的组合它没有考虑。

迷信了1948年盖洛普预测的第一大输家无疑是远在大洋彼岸的蒋介石先生。他本来就和杜鲁门关系不是很好，在得知杜威将战胜杜鲁门这个预测后，他非常兴奋，公开支持杜威，并且期待在杜鲁门下台后能得到美国更多的援助。草根出身的杜鲁门本来就非常不喜欢蒋介石的独裁和腐败，对这次蒋介石公开支持他的竞争对手的行为更是大为不满，因此他在连任总统后，对蒋更加不待见了。当然这是题外话，不过这至少说明，使用不具有代表性的数据得到的结论可能要“坑死人”。

在互联网出现之前，获得大量的具有代表性的数据其实并非一件容易事。在误差允许的范围内做一些统计当然没有问题，但是只有在很少的情况下能够单纯依靠数据来解决复杂的问题。因此在20世纪90年代之前，整个社会对数据并不是很看重。

数学模型：数据驱动方法的基础

在上面统计电影观众分布的例子中，我们大致可以估计出四个年龄组观众的人数分布情况。现在的问题是这个估计是否可信，因为毕竟抽样有很大的随机性。从概率论一诞生人们就有这种担忧，并且希望能够从理论上证明当观察到的数据量足够多了以后，随机性和噪声的影响可以忽略不计。19 世纪的俄国数学家切比雪夫（Chebyshev，1821—1894）对这个问题给出了肯定的回答。他给出了这样一个不等式，它也被称作切比雪夫不等式：

$$P\left(|X-E(X)| \geqslant \varepsilon\right) < \frac{\sigma^2}{n\varepsilon^2}$$

其中 X 是一个随机变量，$E(X)$ 是该变量的数学期望值，n 是实验次数（或者是样本数），ε 是误差，σ^2 是方差。这个公式的含义是，当样本数足够多时，一个随机变量（比如观察到的各个年龄段观众的比例）和它的数学期望值（比如真实情况下所有看电影的观众中不同年龄段的比例）之间的误差可以任意小（小于不等式右边的数值）。这种关系在数学上可以被严格地证明，因此也被称为切比雪夫定理。

将切比雪夫不等式应用到我们这个例子中，我们大致可以计算出四个年龄组的人分别占到观众人数的 20%、27%、24% 和 29% 左右，误差小于 5%（在统计中也称为置信度大于 95%）。但是如果我们要想将四个年龄组观众的准确率提高到小数点后一位数，那么我们大约需要 10 倍的数据，即 2 万个左右的样本。

用抽样数据来估计一个概率分布是一类非常简单的问题，用统计数据做一做加减乘除即可。但是大多数复杂的应用，需要通过数据建立起一个数学模型，以便在实际应用中使用。要建立数学模型就要解决两个问题：采用什么样的模型，以及模型的参数是多少。

模型的选择不是一件容易的事情，通常简单的模型未必和真实情况相匹配。一个典型的例子就是，无论支持地心说的托勒密，还是提出日心说的哥白尼，都假定行星运动轨迹的基本模型是最简单的圆，而不是更准确的椭圆。由此可见，如果一开始模型选得不好，那么以后修修补补就很困难。因此在过去，无论在理论上还是在工程上，大家都把主要的精力放在寻找模型上。

有了模型之后，第二步就是要找到模型的参数，以便让模型至少和以前观察到的数据相吻合。这一点在过去的被重视程度远不如找模型，但是今天它又有了一个比较时髦而高深的词——机器学习（第三章会详细介绍）。

鉴于完美的模型未必存在，即使存在，找到它也非常不容易，而且费时间，因此就有人考虑是否能通过用很多简单不完美的模型凑在一起，起到完美模型的效果。比如，是否可以通过很多很多圆互相嵌套在一起，建立一个地心说模型，和牛顿推演出的日心说模型[①]一样准确呢？如今这个答案是肯定的，从理论上讲，只要找到足够多的具

① 哥白尼的日心说模型非常不准确。

有代表性的样本（数据），就可以运用数学找到一个模型或者一组模型的组合，使它和真实情况非常接近。

这种思路在现实生活中已经被用到。比如，美国和苏联在设计飞机、航天器和其他武器上的理念和方法就不同。苏联拥有大量数学功底非常深厚的设计人员，但是缺乏高性能的计算机和大量的数据，因此其科学家喜欢寻找比较准确但是复杂的数学模型；而美国的设计人员相比之下数学功底平平，但是美国的计算机拥有强大的计算能力和更多的数据，因此其科学家喜欢用很多简单的模型来替代一个复杂的模型。这两个国家做出的东西可谓各有千秋，但从结果来看，似乎美国的更胜一筹。

在工程上，采用多而简单的模型常常比一个精确的复杂模型成本更低，也被使用得更普遍。比如在光学仪器的设计上，一个完美的镜头里面的透镜其实不应该是球面镜，因为那样边缘的图像会变形，只有采用抛物面或者其他复杂曲面，才能使整个画面都清晰。这些非球面透镜的加工需要技艺高超的技工。德国因为拥有最好的技工，所以敢于在镜头设计上采用非球面透镜，这样整个光学仪器就非常小巧。日本缺乏这种水平的技工，但是善于用机器加工，因此日本人在设计光学仪器时，就用好几个球面透镜来取代一个非球面透镜，这样的光学仪器虽然显得笨重，但是容易大规模生产，而且成本非常低。二战后，日本超过德国成为全球光学仪器（包括相机）第一大制造国。

回到数学模型上，其实只要数据量足够，就可以用若干个简单的模型取代一个复杂的模型。这种方法被称为数据驱动方法，因为它是先有大量的数据，而不是预设的模型，然后用很多简单的模型去契合数据（fit data）。虽然这种数据驱动方法在数据量不足时找到的一组模型可能和真实的模型存在一定的偏差，但是在误差允许的范围内，单从结果上看和精确的模型是等效的，[①] 这在数学上是有根据的。从原理上讲，这类似于前面提到的切比雪夫定理。

当然，数据驱动方法要想成功，除了数据量大之外，还要有一个前提，那就是样本必须非常具有代表性，这在任何统计学教科书里就是一句话，但是在现实生活中要做到是非常难的。我们在后面的章节中将会看到，这在大数据出现之前，其实都没有做得很好。

在今天的 IT 领域中，越来越多的问题可以用数据驱动方法来解决。具体讲，就是当我们对一个问题暂时不能用简单而准确的方法解决时，可以根据以往的历史数据，构造很多近似的模型来逼近真实情况，这实际上是用计算量和数据量来换取研究的时间。这种方法不仅仅是经验论，它在数学上也是有严格保障的。

数据驱动方法最大的优势在于，它可以在最大程度上得益于计算机技术的进步。尽管数据驱动方法在一开始数据量不足、计算能力不够时，可能显得有些粗糙，但是随着时间的推移，摩尔定律保证了计算能力和数据量以一个指数级的速度递增，数据驱动方法可以非常准确。相比之下，很多其他方法的改进需要靠理论的突破，因此改进起

① 当然，运气好的话从数据出发也有可能得到和真实模型完全一致的结果，但是这并非数据驱动方法的目标。

来周期非常长。在过去的30年里，计算机变得越来越聪明，这并非是因为我们对特定问题的认识有了多大的提高，而是因为在很大程度上我们依靠的是数据量的增加。

可以用来说明数据驱动方法对机器智能产生作用的最佳案例，恐怕要数2016年在计算机行业最热门的事件——谷歌的AlphaGo计算机战胜天才围棋选手李世石了。AlphaGo在围棋方面有很高的智能，来源于它能分析总结所找到的全部几十万盘人类高手的对弈。这么多的对弈是任何人类高手一辈子也学习不完的。在总结了几十万盘的数据后，AlphaGo得到了一个统计模型，对于在不同的局势下该如何行棋有一个比人类更为准确的估计。这就是AlphaGo显得很聪明的原因。当然，在理解了围棋算法之后，AlphaGo发现人类对弈中的“臭棋”太多，自己生成数据效果更好，这当然是后话了。

关于数据驱动方法，我们在后面的章节里还会详细介绍，它一方面是计算机这种无生命的机器获得“智能”的原因；另一方面，它也给人类带来一种全新的思维方式。

本章小结

数据的范畴远比我们通常想象的要广得多。人类认识自然的过程、科学实践的过程，以及在经济、社会领域的行为，总是伴随着数据的使用。从某种程度上讲，获得和利用数据的水平反映出文明的水平。在电子计算机诞生、人类进入信息时代之后，数据的作用越来越明显，数据驱动方法开始被普遍采用。如果我们把资本和机械动能作为大航海时代以来全球近代化的推动力，那么数据将成为下一次技术革命和社会变革的核心动力。接下来，我们将在这样一个高度上来理解大数据，以及由它带来的全球智能革命。

谷歌预测流感传播的论文所用的搜索词条种类

Influenza Complication（流感并发症）

Cold/Flu Remedy（感冒 / 流感治疗法）

General Influenza Symptoms（常见流感症状）

Term for Influenza（流感术语）

Specific Influenza Symptom（特殊流感症状）

Symptoms of an Influenza Complication（流感并发症的症状）

Antibiotic Medication（抗生素药物）

General Influenza Remedies（常见流感疗法）

Symptoms of a Related Disease（相关疾病症状）

Antiviral Medication（抗病毒药物）

Related Disease（相关疾病）

Unrelated to Influenza（与流感无关）

02

大数据和机器智能

如同飞机不是飞得更高的鸟儿一样，人工智能也并不是更聪明的人。在大数据出现之前，计算机并不擅长解决需要人类智能的问题，但是今天这些问题换个思路就可以解决了，其核心就是变智能问题为数据问题。由此，全世界开始了新的一轮技术革命——智能革命。

当我们有可能获得大量的、具有代表性的数据之后，能够获得什么好处呢？大家很快就想到，可以把一些模型描述得更准确，或者对一些规律认识得更深刻。比如当开普勒从他的老师手上接过大量的天文数据之后，他终于找到了准确描述行星围绕太阳运动轨迹的模型——椭圆模型。类似的情况在今天不断地发生。但是，这还远远不足以让我们兴奋，因为那还只是一个量的改变，不足以产生颠覆这个世界的创新。

大量数据的使用，最大的意义在于它能让计算机完成一些过去只有人类才能做到的事情，这最终将带来一场智能革命。我们不妨用一些具体的例子来说明这种趋势。

在过去，只有人类才有用语言交流的能力，尽管人类从 1946 年开始就努力让计算机有听得懂人的语音的智能，但是一直不成功。20 世纪 70 年代，科学家采用数据驱动方法，找到了解决这个问题的途径，并且不断地改进方法，才使得语音识别成为可能。但是语音识别准确率大幅度的提升，主要是靠 20 世纪 90 年代以后数据的大量积累。

在这个研究领域，大家开始看到了数据的重要性。类似地，图像识别也取得了根本性的突破，才有了最近几年无所不在的“刷脸”应用。

在 2000 年以后，由于互联网特别是后来移动互联网的出现，数据量不仅剧增，而且开始相互关联，于是出现了大数据的概念。科学家和工程师们发现，采用大数据的方法能够使计算机的智能水平产生飞跃，这样在很多领域计算机将获得比人类智能更高的智能。可以说，我们正在经历一场由大数据带来的技术革命，最典型的特征就是计算机智能水平的提高，因此我们不妨把这场革命称为智能革命。当计算机的智能水平在某些领域赶上甚至超过人类时，我们的社会就要发生天翻地覆的变化，这才是大数据的可怕之处。

那么为什么大数据会最终导致这样的结果，大数据和机器智能是什么关系呢？要说清楚这一点，首先要说明什么是机器智能。

什么是机器智能

能够辅助计算的机械很早就有了，它的历史可以追溯至美索不达米亚人时代、希腊人时代，以及中国人发明算盘的时代，并且后来经过帕斯卡（Blaise Pascal，1623—1662）、莱布尼茨（Gottfried Wilhelm Leibniz，1646—1716）、巴贝奇（Charles Babbage，1791—1871）和楚泽（Konrad Zuse，1910—1995）等人的努力，人类制造出了可以编程计算的机器。但是很少有人将它们和具有类似人类智能的思维机器联系起来，后者只存在于科幻小说中。

图 2–1　帕斯卡发明的机械计算器复原模型（收藏于硅谷计算机博物馆）

1946 年，第一台电子计算机 ENIAC（埃尼亚克）诞生（见图 2–2），这使得人类重新开始考虑机器能否有智能的问题。从功能上讲，ENIAC 与德国工程师楚泽研制的继电器计算机 Z3 没有太大的差别——它们都是能够实现编程功能的图灵机。Z3 是一台继电器计算机，每秒的运算速度只有 5~10 次；ENIAC 则是一台基于电子管开关电路的计算机，按照今天的标准来衡量，它还远远不够完善，因为它每改变一次程序就要在计算机里面重新连接线路，因此使用并不方便。但是 ENIAC 比起 Z3 有一个非常突出的优点，就是计算速度能够达到每秒 5 000 次。虽然这个速度连今天手机里面处理器速度的十万分之一都不到，但是比最聪明的人脑运算起来不知道要快几千倍，因此量变带来了质变。

实际上发明“电脑”一词的不是任何科学家，而是一位英国的元帅——蒙巴顿伯爵。作为英美联军的英军统帅，蒙巴顿参观了 ENIAC 的演示。由于这台计算机最初设计的目的是研制远程火炮的弹道，因

图 2–2 世界上第一台电子计算机 ENIAC

此在它被制造出来后，虽然二战已经结束，那个远程火炮项目被停止了，但是科学家们依然用计算火炮弹道来展示计算机的计算速度。在过去，计算火炮弹道需要工程师用计算尺算上好几天，但是 ENIAC 每秒 5 000 次的计算速度可以在炮弹打出去后还没有落地之前，就准确地计算出弹道的轨迹。这让蒙巴顿元帅无限感慨，他不禁赞道："这真是电脑啊!"当然，有同样感慨的不止他一人。在 ENIAC 诞生后，各行各业的人，当然也包括科学家们都在问自己：机器能否产生智能?

真正科学地定义什么是机器智能的还是电子计算机的奠基人阿兰·图灵（Alan Turing，1912—1954）博士。1950 年，图灵在《思想》(*Mind*) 杂志上发表了一篇题为《计算机器和智能》(Computing machinery and intelligence) 的论文。在论文中，图灵既没有讲计算机怎样才能获得智能，也没有提出什么解决复杂问题的智能方法，而只是提出了一种验证机器有无智能的判别方法。

让一台机器和一个人坐在幕后，让一个裁判同时与幕后的人和机器进行交流，如果这个裁判无法判断自己交流的对象是人还是机器，就说明这台机器有了和人同等的智能。这种方法被后人称为图灵测试（Turing test），如图 2–3 所示。计算机科学家认为，如果计算机实现了下面几件事情中的一件，就可以认为它有图灵所说的那种智能：

- 语音识别。
- 机器翻译。
- 文本的自动摘要或者写作。
- 战胜人类的国际象棋冠军。
- 自动回答问题。

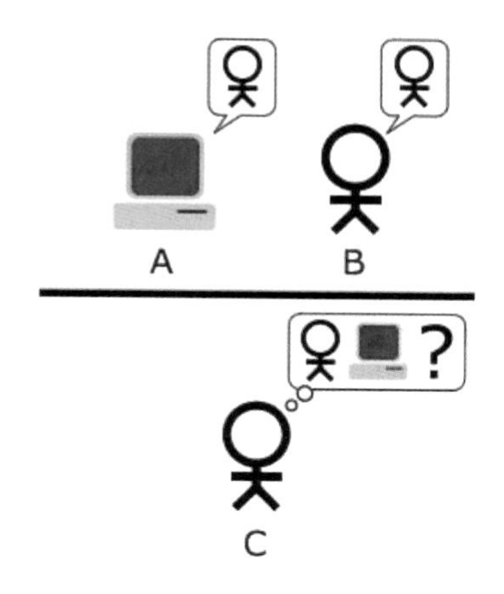

图 2–3 图灵测试

今天，计算机已经做到了上述这几件事情，在有些领域还超额完成了任务，比如在下棋方面，不仅战胜了国际象棋的世界冠军，而且还战胜了围棋的世界冠军，后者的难度比前者高出 6~8 个数量级（10^6~10^8）。因此，我们应该为人类这几十年来的技术进步而欢呼。当然，人类走到这一步并非一帆风顺，而是先走了十几年的弯路。

鸟飞派：人工智能 1.0

在电子计算机诞生之后的第十年，也就是 1956 年，发明计算机中开关逻辑电路的克劳德·香农和一群年轻的学者在达特茅斯学院召开了一次头脑风暴式的研讨会。会议的倡议者除了香农，还包括当时只有 29 岁的约翰·麦卡锡、马文·明斯基和 27 岁的纳撒尼尔·罗切斯特。会议选在了麦卡锡任职的达特茅斯学院举行，参会者一共 10 人，除了上述 4 人，还有 6 位年轻的科学家，包括赫伯特·西蒙（Herbert Simon，1916—2001）和艾伦·纽维尔（Allen Newell，1927—1992）。由于是在夏天，因此会议被称作“达特茅斯夏季人工智能研究会议”。但是它不同于今天一般召开几天的学术会议，因为一来大家并没有可以报告的科研成果，二来这个会议持续了整整一个暑期。事实上，这是一次头脑风暴式的讨论会。参会的 10 位年轻学者讨论的是当时计算机科学尚未解决，甚至尚未开展研究的问题，包括人工智能、自然语言处理和神经网络等。人工智能这个说法便是在这次会议上提出的。

参加达特茅斯会议的 10 个人，除了香农，当时都还没有太大的名气。但是没关系，这些年轻人默默无名的时间不会太久，他们后来全都成了计算机科学领域或者认知科学领域的泰斗，并且出了 4 位图灵奖获得者（麦卡锡、明斯基、西蒙和纽维尔）。而香农作为信息论的发明人，他的名字被用来冠名通信领域的最高奖——香农奖。

图 2–4 人工智能的奠基人明斯基

达特茅斯会议本身没有产生什么了不起的思想，10 个最聪明的大脑一个暑假的思考甚至比不上今天一位一流的博士毕业生，但是它的意义超过 10 个图灵奖——因为它提出了问题。在科学上，提出好的问题甚至比解决问题更重要，好几个未来非常热门的研究领域的研究工作，其中包括人工智能和机器学习，就始于那次会议之后。

“人工智能”这个名词严格地讲在今天有两个定义，第一个是泛指机器智能，也就是任何可以让计算机通过图灵测试的方法，包括我们在本书中要经常讲的数据驱动方法。第二个是狭义上的概念，特指 20 世纪五六十年代特定的研究机器智能的方法。直到今天，大部分书名中含有“人工智能”字样的教科书（包括全球销量最大的由斯图尔特·罗素和彼得·诺维格编写的《人工智能：一种现代的方法》一书）依然用主要的篇幅介绍那些“好的老式的人工智能”（good old fashioned AI）[①]。

由于历史原因，早期研究人工智能的人拿了各国政府不少经费，却没有做出什么拿得出手的成绩，让人工智能这个概念名声不大好。在 2000 年前后，如果博士生的研究课题是人工智能，他可能找不到工作。因此，后来那些利用其他方法产生机器智能的学者为了划清自己和传统方法的界限，特地强调自己不是用人工智能的方法，而是用机器学习的方法，或者用数据驱动的方法。在很长的时间里，学术界将机器智能分为传统人工智能的方法和现代其他方法（比如数据驱动、知识发现或者机器学习），直到在 AlphaGo 战胜李世石之后，人工智能再次成为热门的话题，所有搞智能研究的人才重新把自己纳入人工智能研究的一员。当然，计算机领域之外的人在谈到人工智能时，常常泛指任何机器智能，而并不局限于传统的方法。因此为了便于区

① 诺维格本人也是数据驱动方法的倡导者之一，但是他和罗素所编写的教科书依然用了大量的篇幅介绍传统的人工智能。

分，我们在本书中尽可能地使用机器智能来表示广义上人工智能的概念；当然有时为了和当下的说法一致，也会把人工智能和机器智能作为同义词；而在讲传统的人工智能方法时，我们会专门强调是“早期的”“传统的”，或者干脆说成人工智能 1.0。

传统的人工智能方法是什么呢？简单地讲，就是先了解人类是如何产生智能的，然后让计算机去模拟人思考。当然，到了今天几乎所有的科学家都不坚持“机器要像人一样思考才能获得智能”，但是很多门外汉在谈到人工智能时依然想象着“机器在像我们那样思考”，这让他们既兴奋又担心。事实上，如果我们回到图灵博士描述机器智能的原点，就能发现机器智能最重要的是解决人脑所能解决的问题，而不在于是否需要采用和人一样的方法。因此，对于“人工智能是否需要模拟人”这件事的看法，是在当下人工智能过热的时期，甄别真正的学者专家、民间科学家、门外汉或者技术概念掮客的试金石。

为什么早期科学家的想法会和今天的门外汉一样天真呢？道理很简单，因为这是根据我们的直觉最容易想到的方法。在人类发明的历史上，很多领域早期的尝试都是模仿人或者动物的行为。比如人类在几千年前就梦想着飞行，于是开始模仿鸟，在东方和西方都有类似的记录，将鸟的羽毛做成翅膀绑在人的胳膊上往下跳，当然实验的结果可想而知。后来人们把这样的方法论称作“鸟飞派”，也就是看看鸟是怎样飞的，就能模仿鸟造出飞机，而不需要了解空气动力学。事实上我们知道，莱特兄弟发明飞机靠的是空气动力学而不是仿生学。在这里，我们不要笑话前辈来自直觉的天真想法，这是人类认识的普遍规律。

在人工智能刚被提出来的时候，这个研究课题在全世界都非常热门，大家仿佛觉得用不了多长时间就可以让计算机变得比人聪明了。遗憾的是，经过十几年的研究，科学家们发现人工智能远不是那么回事，除了做出了几个简单的“玩具”，比如让机器人像猴子一样摘香蕉，解决不了什么实际问题。到了 20 世纪 60 年代末，计算机科学的其他分支都发展得非常迅速，但是人工智能研究却开展不下去了。因此，美国计算机学界开始反思人工智能的发展。虽然一些人认为机器之所以智能水平有限，是因为它还不够快、容量不够大，但是，也有一些有识之士认为，科学家走错了路，照着那条路走下去，计算机再快也解决不了智能问题。1968 年，明斯基在《语义信息处理》（*Semantic Information Processing*）一书中分析了所谓人工智能的局限性，他引用了巴希勒（Bar-Hillel）使用过的一个非常简单的例子（见图 2–5）：

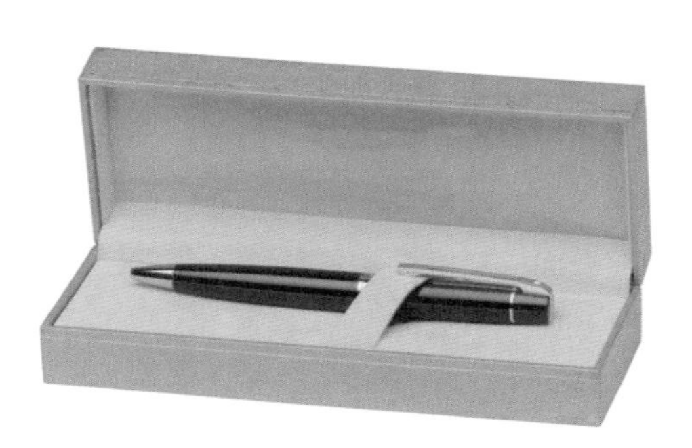

图 2–5 “钢笔在盒子里”，这句话很好理解

The pen was in the box（钢笔在盒子里），这句话很好理解，如果让计算机理解它，做一个简单的语法分析即可。但是另一句语法相同的话：The box was in the pen，就让人颇为费解了。原来，在英语中，pen（钢笔）还有另外一个不太常用的意思——小孩玩耍的围栏（见图2–6）。在这里，理解成"盒子在小孩玩耍的围栏里"，整个句子就通顺了。但是，如果用同样的语法分析，这两句话会得到相同的语法分析树，而仅仅根据这两句话本身，甚至通篇文章，是无法判定 pen 在哪一句话中应该作为"围栏"的意思，在哪一句话中应该是"钢笔"的意思。事实上，人对这两句话的理解并非来自语法分析和语意本身，而是来自他们的常识或者说关于世界的知识（world knowledge）。这个问题是传统的人工智能方法解决不了的。因此，明斯基给出了他的结论："目前"（1968 年）的方法无法让计算机真正有类似于人的智能。由于明斯基在计算机科学界具有崇高的声望，他的这个结论导致美国政府削减了几乎全部人工智能研究的经费，在之后大约 20 年左右的时间里，全世界人工智能在学术界的研究是处于低谷的。

图 2–6　pen（钢笔）的另一个含义——围栏

另辟蹊径的数据驱动

到了 20 世纪 70 年代，人类开始尝试机器智能的另一条发展道路，即采用数据驱动的方法，而这个尝试始于工业界而非大学。

在那个年代，IBM 在全世界计算机乃至整个 IT 产业可以说处于独孤求败的地位。20 世纪 60 年代末，IBM 的市值达到 500 亿美元，这在当时是个很大的数目，占到了美国当年 GDP（国内生产总值）的 3% 以上。当时，全世界制造大型计算机的只有 8 家公司，它们被比喻成白雪公主和 7 个矮人[①]。白雪公主是 IBM，7 个矮人是其他 7 家公司。如果将这 7 家公司的营业额加在一起，再加上当时生产小型机的数字设备公司 DEC（美国数字设备公司）和惠普，还不如 IBM 多，因此 IBM 快被美国司法部进行反垄断调查了。这时，IBM 考虑的不能再是如何占有更大的市场份额，而是如何让计算机变得更聪明。

1972 年，康奈尔大学的教授弗雷德里克·贾里尼克（Frederek Jelinek，1932—2010）到 IBM 做学术休假[②]，正好这时 IBM 想开发“聪明的计算机”，贾里尼克就“临时”负责起这个项目。至于什么是聪

---

① 7 家公司分别是伯勒斯公司（Burroughs）、斯佩里·兰德公司（Sperry Rand）、控制数据公司（Control Data）、霍尼韦尔公司（Honeywell）、通用电气公司（GE）、美国无线电公司（RCA）、NCR 公司（现为全球关系管理技术解决方案领导供应商）。

② 在美国的大学里，教授每 7~10 年可以带全薪休假半年，或者带半薪休假一年，这被称为学术休假。在此期间，大部分教授会选择到合作单位做一些科研，以拓宽自己的视野，另一些教授则选择找一个地方去写书。

明的计算机，当时大家的共识是它要么能够听懂人说的话，要么能将一种语言翻译成另一种语言，要么能够赢得国际象棋的世界冠军。贾里尼克根据自己的特长和IBM的条件，选择了第一个任务，即计算机自动识别人的语音。

在贾里尼克之前，各个大学和研究所的专家在这个问题上已经花了20多年的时间，主流的研究方法有两个特点：一是让计算机尽可能地模拟人的发音特点和听觉特征，二是利用人工智能的方法理解人所讲的完整的语句。对于前一项研究，有时又被称为特征提取，各个研究单位都有自己的见解，采用各自不同的方法，很难比较哪一个更好，而且这些和人的发音或者听力相关的特征也很难统一到一个系统中。对于后一项研究，大家采用的方法倒是差不多，具体讲就是传统人工智能的方法，它基于语法规则和语义规则。打一个比方，它有点像教大家学外语。在20世纪70年代初，语音识别这个智能问题解决到了什么水平呢？当时最好的语言识别系统大约能够识别百十来个单词，识别率只有70%左右，而且讲话时要口齿清晰，没有噪声。至于IBM，尽管它早在20世纪60年代就开始了语音识别的研究，但是到70年代初只能识别10个0~9的数字，外加加、减、乘、除等6个英文单词，而且经常识别不对。

贾里尼克一开始只是抱着试试看的心态接受了研究任务。他从来不是一位人工智能专家，却是一位世界级的通信专家。从博士毕业开始，他花了不到10年的时间成为康奈尔大学的讲席教授，并且是当时美国大学信息论教科书的作者。作为通信和信息论专家，贾里尼克看待语音识别问题的角度和先前的计算机科学家完全不同。在他看来，语音识别不是一个人工智能的问题，而是一个通信问题。

贾里尼克认为，人的大脑是一个信息源，从思考到找到合适的语句，再通过发音说出来，是一个编码的过程；经过媒介（声道、空气或者电话线、扬声器等）传播到听众耳朵里，是经过了一个长长的信道的信息传输问题；最后听话人把它听懂，是一个解码的过程。既然是一个典型的通信问题，就可以用解决通信问题的方法来解决，为此贾里尼克用两个数学模型（均为马尔可夫模型）分别描述信源和信道（见图 2–7）。至于计算机识别时需要从语音中提取什么特征，贾里尼克的想法很简单，数字通信采用什么特征，语音识别就采用什么特征。这样，贾里尼克就用当时已经颇为成熟的数字通信的各种技术来实现语音识别，彻底抛开了人工智能的那一套做法。

正如我们在前面介绍的，找到了数学模型之后，下一步就是要用统计的方法“训练”出模型的参数，这在今天来讲就是机器学习。这个过程需要使用大量的数据，同时要有足够的计算能力。在当时，只有 IBM 具备这些条件。那时不仅没有互联网上大量的内容，甚至没有很多存在计算机里的文本（又称机读文本），好在 IBM 有大量的电传文本，这成了 IBM 语音识别系统使用的最早期的数据。此外，在当时没有第二家公司有 IBM 那样的计算能力，当然，当时贾里尼克整个团队所拥有的计算能力还不及今天一部苹果手机呢！

贾里尼克除了找到一条不同于传统人工智能的语音识别方法，他还喜欢招收数学基础好的，特别是学习过理论物理的员工。出于某种

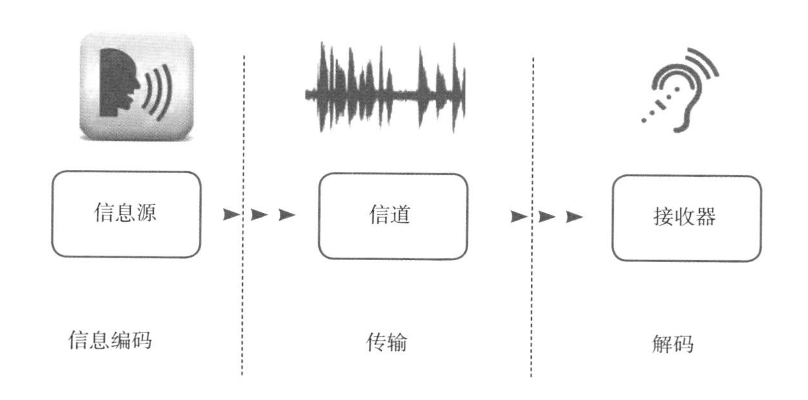

图 2–7 语音识别的通信模型

原因，他不喜欢语言学家，并且把他们都请出了 IBM。贾里尼克的团队花了 4 年的时间，就开发了一个基于统计方法的语音识别系统。这个系统的语音识别率从过去的 70% 左右提高到 90% 以上，同时语音识别的规模从几百个词上升到两万多个词。这样语音识别就有了质的飞跃。我们不妨想想，如果一个语音识别系统每 10 个汉字就错 3 个，我们是无法读懂这句话的；但是如果每 10 个汉字只错 1 个，我们就能准确还原原来语句的意思。更何况，几百个英文单词只能进行类似幼儿园小孩之间的交流，而两万多个英文单词足够母语是英语的人进行各种交流了。从此，语音识别就能够从实验室走向实际应用。

贾里尼克和他的同事在研究语音识别时，无意中开创了一种采用统计的数学模型加上大量数据的数据驱动方法来解决智能问题。这种方法最大的好处是，随着数据量的积累，系统会变得越来越好，相比之下，过去传统人工智能的方法很难受益于数据量的提升。

图 2–8　语音识别和机器学习的先驱贾里尼克

曾经在IBM主管研究的副总裁艾尔弗雷德·斯佩克特（Alfred Spector）博士后来在谷歌担任了相应的职务，因此我们时常聊天，也会谈论到人工智能的历史以及我们彼此熟悉的人。20世纪80年代时，斯佩克特是卡内基·梅隆大学的教授，据他介绍，当年卡内基·梅隆大学已经在传统的人工智能领域走得非常远了，大家遇到了很多跨不过去的障碍。后来教授们去IBM沃森实验室参观，看到那里采用数据驱动方法取得的巨大成绩，回来以后很多教授接受了这种新的方法论。李开复就是在这样的背景下，在传统的人工智能实验室里，采用基于统计的方法开展他的博士论文的工作，并且最终和洪小文一起构建了世界上第一个大词汇量、非特定人、连续语音识别系统。[①] 按照斯佩克特的说法，如果没有李开复等人的工作，他们的论文导师雷迪（Raj Reddy）不可能获得图灵奖。

① IBM的早期系统只能识别孤立语音，在连续语音识别上，李开复的斯芬克斯（Sphinx）系统领先于IBM的同类系统。

在语音识别之后，欧洲和美国的科学家开始考虑能否用数据驱动方法解决其他智能问题。贾里尼克的同事彼得·布朗（Peter Brown）在20世纪80年代，将这种数据驱动方法用于机器翻译。[①] 但是由于缺乏数据，最初的翻译结果并不令人满意。虽然一些学者认可这种方法，但是其他学者，尤其是早期从事这项工作的学者认为，解决机器翻译这样智能的问题，光靠基于数据的统计是不够的。从20世纪80年代初到90年代中期大约10多年的时间里，在计算机界大家一直有个争议，那就是数据驱动方法是否适用于各种领域，语音识别是否只是一个特例。简单地讲，当时无论是做语音识别、机器翻译、图像识别还是自然语言理解的学者，都分成了界限很明确的两派，一派坚持采用传统的人工智能方法解决问题，简单来讲就是模仿人，另一派倡导数据驱动的方法。这两派在不同的领域力量不一样，在语音识别和自然语言理解领域，提倡数据驱动方法的一派比较快地占了上风；而在图像识别和机器翻译方面，在较长一段时间里，数据驱动这一派处于下风。这里面的主要原因是，在图像识别和机器翻译领域，过去的数据量非常少，而这种数据的积累非常困难。图像识别就不用讲了，在互联网出现之前，没有一个实验室有上百万张图片。在机器翻译领域，所需要的数据除了一般的文本数据，还需要大量的双语（甚至是多语种）对照的数据。而在互联网出现之前，除了《圣经》和少量联

---

① Peter. Brown at el, "A Statistical approach to Machine Translation", *Computational Linguistics,* Vol.16, NO.2, 1990.

合国文件，再也找不到类似的数据了。[①]彼得·布朗本人后来也放弃了对机器翻译的研究，到著名的对冲基金文艺复兴技术公司用数学模型挣钱去了，他后来成为这家全世界交易股票回报最高的基金公司的负责人。直到 21 世纪初，依然有不少人相信传统的人工智能方法，SYSTRAN[②]等研究机器翻译的公司，依然在组织大量的人力编写机器翻译使用的语法规则。针对一对语言，比如英语和汉语，他们要编写几万条规则。在这几万条规则的帮助下，直到 2002 年，SYSTRAN 公司的中英翻译系统依然是全世界做得最好的。在同时期的微软研究院里，传统的一派人将数据驱动的一派人排斥出了课题组。但是进入 21 世纪之后，两派的纷争逐渐平息，因为大部分人看到了数据驱动的方法将最终胜出。而固守传统观念的人或者课题组，比如 SYSTRAN，很快便落伍了。因为数据驱动方法在数据量不断增加之后，它的优势便渐渐显现出来。也就是在这个时候，斯图尔特·罗素和彼得·诺维格开始重写人工智能教科书，诺维格甚至把自己关在世外桃源般的加拉帕戈斯群岛岛上几个月，专心完成新教科书的写作。

数据驱动方法的胜出得益于 20 世纪 90 年代之后互联网的兴起，它使数据的获取变得非常容易。从 1994 年到 2004 年的 10 年里，语

① 这是因为：第一，当时没有机读语料；第二，很多文学名著不同版本分散在不同国家，并且其翻译常常不是一一对应的；第三，现在很多在互联网前提下看似容易的事情，在当时却很难。

② SYSTRAN 公司（系统翻译）成立于 1968 年，是全世界最老的机器翻译公司，但是进入 21 世纪之后，它的技术变得相对落后，公司开始萎缩，如今其员工在全球不足 60 人。

音识别的错误率减少了一半，而机器翻译的准确性[①]提高了一倍，其中20%左右的贡献来自方法的改进，80%则来自数据量的提升。虽然每一年，计算机在解决各种智能问题上的进步幅度并不大，但是十几年中量的积累，最终促成了质变。

数据从量变到质变

从某种意义上讲，2005年是大数据元年，虽然大部分人感受不到数据带来的变化，但是一项科研成果却让全世界从事机器翻译的人感到震惊，那就是之前在机器翻译领域从来没有技术积累、不为人所知的谷歌，以巨大的优势打败了全世界所有机器翻译研究团队，一跃成为这个领域的领头羊。

故事要从这一年的2月说起。全世界拿了美国政府机器翻译科研经费的研究机构，不论是大学还是公司，照例都要参加由美国国家标准与技术研究所（National Institute of Standards and Technologies，简称NIST）主持的测评和交流，而且需要介绍自己研究方法的细节。当然，没有拿美国政府机器翻译科研经费的研究团队也可以参加，但是没有义务披露太多的细节。这一年的测评从2月开始，谷歌的机器翻译团队是第一次参加这个测评，其他团队要么过去曾经取得过很好的成绩，比如德国亚琛工业大学，要么研究的历史非常长，比如IBM

---

① 根据BLEU（bilingual evaluation understudy，双语评估替换）分数衡量。BLEU分数是一种衡量机器翻译质量的客观评分，一般来讲，人工正确翻译的得分为50%~60%。

和 SYSTRAN，因此在测试之前谁也没有关注谷歌团队的表现。

当年 4 月，测评的结果出来了，让除了谷歌以外的所有人大吃一惊。因为在所有 4 项测评中，之前从来没有做过机器翻译的谷歌均比其他研究团队同类的系统领先了一大截。表 2–1 是 2005 年 NIST 评比的结果，表中所给的数据是机器翻译结果和人工翻译结果之间的 BLEU 分数。关于 BLEU 分数，简单地讲，它反映了两种翻译结果的一致性，因此这个分数越高越好。当然，并非 BLEU 分数要达到 100% 才算翻译完全正确，因为人和人之间的 BLEU 分数大约只有 50%。明确了评分标准，我们不妨看两项评比的结果：从阿拉伯语到英语的翻译，谷歌系统的得分为 51.31%，领先第二名将近 5%，而提高这 5 个百分点在过去需要研究 5~10 年；[①] 而在汉语到英语的翻译中，谷歌 51.37% 的得分比第二名领先了 17%，这个差距已经超出了一代人的水平。

表 2–1　2005 年，NIST 对全世界多种机器翻译系统的评比结果

从阿拉伯语到英语的翻译	
谷歌	51.31%
南加州大学	46.57%
IBM 沃森实验室	46.46%
马里兰大学	44.97%
约翰·霍普金斯大学	43.48%
……	……
SYSTRAN 公司	10.79%

① 在机器翻译、语音识别和图像识别等领域，依靠技术进步大约每年可以改进 0.5% 左右。

（续表）

从汉语到英语的翻译	
谷歌	51.37%
SAKHR 公司	34.03%
美军 ARL 研究所	22.57%

至于为什么谷歌能够做到这一点，其中一个原因行业里的人都知道，那就是谷歌花重金请到了当时世界上水平最高的机器翻译专家弗朗兹·奥奇（Franz Och）博士。事实上参加测评的系统中，有两个可以说是谷歌系统的姊妹系统，那就是亚琛工业大学的系统和南加州大学的系统，前者是奥奇读博士时写的，后者是奥奇做研究教授时写的。但是，奥奇是 2004 年 7 月才正式到谷歌工作的，[①] 这一年的 7 月到第二年的 2 月，奥奇也只能赶时间把他过去的工作在谷歌重新演练一下，根本不可能做实质性的改进。那么为什么谷歌的系统要比它的姊妹系统好很多呢？

根据 NIST 的要求，在测评结果出来后（一般是在 5 月到 7 月之间），大家要开一次研讨会，交流各自的研究方法。以前，大家的兴趣在于相互讨论，当然在学术界，老朋友们也通过这种方式见见面，联络一下感情。但是这一次大家的目的非常明确，就是看看谷歌的秘密武器到底是什么。

这一年的 7 月，大家来到 NIST 在北弗吉尼亚州的总部开会交流

① 奥奇于 2004 年 4 月 28 日谷歌宣布上市的当天加盟谷歌，但是随后请假回南加州大学完成教学任务，直到放暑假才正式开始在谷歌上班。

经验，奥奇则是这次会议的焦点人物。大家都想听他的秘诀，但是这个秘诀一讲出来就不值钱了，即他用的还是两年前的方法，但是用了比其他研究所多几千倍甚至上万倍的数据。其实，在和自然语言处理有关的领域，科学家们都清楚数据的重要性，但是在过去，不同研究组之间能使用的数据通常只相差两三倍，对结果即使有些影响，也差不了很多，而当奥奇用了上万倍的数据时，量变的积累就导致了质变的发生。奥奇能训练出一个六元模型，而当时大部分研究团队的数据量只够训练三元模型。[①] 简单地讲，一个好的三元模型可以准确地构造英语句子中的短语和简单的句子成分之间的搭配，而六元模型则可以构造整个从句和复杂的句子成分之间的搭配，相当于将这些片段从一种语言到另一种语言直接对译过去了。不难想象，如果一个系统在很长的片段上对大部分句子直译，那么其准确性相比那些在词组单元做翻译的系统要准确得多。在谷歌之前，不是没有人想到五元或者六元模型，但是如果没有充足的数据，那么训练出来的五元或六元模型准确性非常差，对翻译没有任何帮助。

从表2–1中可以看到，采用传统人工智能方法的SYSTRAN公司和那些采用数据驱动的系统相比，差距之大已经不在一个时代了。因此从2005年NIST测评之后，SYSTRAN公司就逐渐退出了历史舞台，如今已经没有多少人知道它了。在那次测评之后，其他大学和研究所则把大部分精力都用到收集数据上了。在第二年的测评中，所有研究

① 简单地讲，N元模型是考虑N个单词前后的关联，六元模型就是考虑6个单词，而大家当时普遍使用的三元模型只考虑3个单词。

图 2-9 谷歌翻译的发明人奥奇博士

组都使用了比前一年至少多 100 倍的数据，它们和谷歌的差距迅速缩小。

如今在很多与“智能”有关的研究领域，比如图像识别和自然语言理解，如果采用的方法无法利用数据量的优势，会被认为是落伍的。

数据驱动方法从 20 世纪 70 年代开始起步，在八九十年代得到缓慢但稳步的发展。进入 21 世纪后，互联网的出现使得可用的数据量剧增，数据驱动方法的优势越来越明显，最终完成了从量变到质变的飞跃。如今很多需要类似人类智能才能做的事情，计算机已经可以胜任了，这得益于数据量的增加。

全世界各个领域数据不断向外扩展，渐渐形成了另外一个特点，那就是很多数据开始出现交叉，各个维度的数据从点、线渐渐连成了网，或者说，数据之间的关联性极大地增强。在这样的背景下，大数据出现了。

大数据的特征

大数据一词经常出现在媒体上是 2007 年以后的事情，但是大家对它的理解并不统一，有些甚至是误解，比如将大数据和大规模数据混为一谈。要谈大数据的问题，我们先要讲清楚什么是大数据，它都有哪些特征。

大数据的第一个特征，也是最明显的特征就是体量大，这一点无论是内行还是外行都认可，没有什么异议。但是仅仅有大量的数据并不一定是大数据，比如一个人基因全图谱的数据，是在上百 GB（吉字节）到 TB（太字节）数量级的。如果再加上对人身体内细菌基因 DNA（脱氧核糖核酸）一同测序，一个人的数据就可以多达 1.5PB（千万亿字节），即 1 500TB，这个数据量不可谓不大，但是它没有太大的统计意义。再比如，如果记录全世界 70 亿人的出生日期，这个数据量也不小，但是如果仅仅有这一项数据，除了能够非常准确地给出全世界人口的年龄分布外，也得不到太多其他统计信息。事实上，要了解全世界人口的年龄分布，用传统的抽样统计方法就可以得到，因此这个大量的数据意义也不大。

大数据之所以有用，是因为它除了数据量大以外，还具有其他特征。一些数据专家将大数据的特征概括成三个“v”，即大量（vast）、及时性（velocity）和多样性（variety），这种说法虽然方便记忆，但并不全面准确。首先，尽管一些大数据具有及时性的特点，我们也会在后面详细介绍及时性的好处，但它并非所有大数据所必需的特征。一些数据没有及时性，一样可以被称为大数据。其次，多样性虽然是大数据的一个特征，但是含义上有歧义性，其中多样性最重要的含义是多维度。实际上，用多维度的讲法取代多样性，更加简明而准确。因此，在不引起混淆的情况下，我们今后把 variety 解释成"多维度"，这也是大数据的第二个重要特征。至于多维度的重要性和它的威力，我们不妨通过下面一个简单的例子来看一看。

2013 年 9 月，百度发布了一个颇有意思的统计结果——《中国十大"吃货"省市排行榜》。百度没有做任何民意调查和各地饮食习惯的研究，它只是从"百度知道"的 7 700 万条与吃有关的问题里"挖掘"出来一些结论，而这些结论看上去比任何学术研究的结论更能反映中国不同地区的饮食习惯。我们不妨看看百度给出的一些结论：

在关于"×× 能吃吗"的问题中，福建、浙江、广东、四川等地的网友最经常问的是"×× 虫能吃吗"，江苏、上海、北京等地的网友最经常问的是"×× 的皮能不能吃"，内蒙古、新疆、西藏的网友则最关心"蘑菇能吃吗"，而宁夏网友最关心的竟然是"螃蟹能吃吗"。宁夏网友关心的事情一定让福建网友大跌眼镜；反过来也是一样，宁夏网友会惊讶于有人居然要吃虫子。

百度做的这件小事，其实反映出大数据多维度特征的重要性。百度知道的数据维度很多，它们不仅涉及食物的做法、吃法、成分、营养价值、价格、问题来源的地域和时间等显性维度，而且还藏着很多外人不注意的隐含信息，比如提问者或回答者使用的计算机（或手机）以及浏览器。这些维度并不是明确地给出的（这一点和传统的数据库不一样），因此在外行人看来，百度知道的原始数据说得好听点是具有多样性，说得不好听是“相当杂乱”的。但恰恰是这些看上去杂乱无章的数据将原来看似无关的维度（时间、地域、食品、做法和成分等）联系了起来。经过对这些信息的挖掘、加工和整理，就得到了有意义的统计规律，比如百度公布出来的关于不同地域的人的饮食习惯。

当然，百度只公布了一些大家感兴趣的结果，但是只要它愿意，它可以从这些数据中得到更多有价值的统计结果。比如，它很容易得到不同年龄、性别和文化背景的人的饮食习惯（假定百度知道用户的注册信息是可靠的，即使不可靠，也可以通过其他方式获取可靠的年龄信息），不同生活习惯的人（比如正常作息的人、“夜猫子”们、在计算机前一坐就是几个小时的游戏玩家、经常出差的人或者不爱运动的人等）的饮食习惯等。如果再结合每个人使用的计算机（或者手机等智能设备）的品牌和型号，大抵可以了解提问者和回答者的收入情况，这样就可以知道不同收入阶层的人的饮食习惯。当然，为了不引起大家对隐私问题的担忧，百度是不会公布这些结果的。由于百度的数据收集的时间跨度比较长，通过这些数据还可以看出不同地区的人们饮食习惯的变化，尤其是在不同经济发展阶段饮食习惯的改变。而这些看似很简单的问题，比如饮食习惯的变化，没有百度知道的大数据，尤其是它的多维度特征，还真难得到答案。

说到这里，大家可能会有疑问：上面这些统计似乎并不复杂，按照传统的统计方法应该也可以获得。在这里，我不是说传统的统计方法行不通，而是其成本非常高，难度相当大，比一般人想象的要大很多。我们不妨看看如果用过去传统的统计方法得到同样准确的结果必须做哪些事情。首先，需要先设计一个非常好的问卷（并不容易）；其次，要从不同地区寻找具有代表性的人群进行调查（这就是盖洛普一直在做的事情）；最后，要半人工地处理和整理数据。[①] 这样不仅成本高，而且如同盖洛普民调一样，很难在采样时对各种因素考虑周全。如果后来统计时发现调查问卷中还应该再加一项，对不起，补上这一项要让整个成本几乎翻一番，因为大部分人工的工作要重新来。

除了成本高，传统方法难度大的第二个原因是填写的问卷未必反映被调查人真实的想法。要知道大家在百度知道上提问和回答是没有压力，也没有任何功利目的，有什么问题就提什么问题，知道什么答案就回答什么答案。但是在填写调查问卷时就不同了，大部分人都不想让自己表现得“非常怪”，因此是不会在答卷上写下自己有“爱吃臭豆腐”的习惯，或者有“喜欢吃虫子”的嗜好。中央电视台过去在调查收视率时就遇到这样的情况，他们发现通过用户填写的收视卡片调查出的收视率，和自动收视统计盒子得到的结果完全不同。在从收视卡得到的统计结果中，那些大牌主持人和所谓高品位的节目收视

① 大量人工统计的数据的处理量是非常大的，耗时也很长。在美国历史上，常常出现人口普查结果 10 年还统计不完的情况，为了解决这个难题，才催生出 IBM 公司。

率明显地被夸大了，因为用户本能地要填一些让自己显得有面子的节目。我本人也做过类似的实验，从社交网络的数据得到的对奥巴马医疗改革的支持率（大约只有 24%）比盖洛普民调的结果（41%）要低得多。在 2016 年美国总统大选时，所有传统的媒体无一例外地闹了大笑话，因为根据它们的抽样调查，民主党候选人希拉里将大胜被认为“不靠谱”的特朗普。这也极大地误导了希拉里本人，以至于她在竞选失败后长期不能走出失败的阴霾。事实上，由于特朗普被有偏见的媒体贴上了“不靠谱”的标签，很多投特朗普票的人在民意调查时并不表明自己的看法。这些例子都说明，采用调查问卷的方式所得到的结论可能和真实情况之间存在很大的误差。

现在有了百度知道这样多维度的大数据，这些在过去看来很难处理的问题便可以迎刃而解了，也让很多有眼光的企业开始重视对多维度数据的收集。比如谷歌斥巨资收购智能温控器制造领域的 Nest 公司，阿里巴巴大力进军线下商业，都和主动收集数据相关。

大数据的第三个重要特征，也是人们常常忽视的，就是它的全面性，或者说完备性。我们不妨再用中英文翻译的例子来说明大数据的完备性。

小明是在中国出生长大的小学生，在学校里学习了一句“早上好”（Good morning），他将这个句子的中英对应关系背了下来。因此，如果你让他翻译“早上好”这句话，他是会的，但是这并不说明他对英语有多少了解，而仅仅是因为他的脑子里有了这种对应关系。当然，如果他又学会了“你”（you）这个词，他按照自己理解中文的方式去翻译，会将“你好”翻译成一种洋泾浜式的句子“Good you”，这显然翻译错了。早期计算机自动翻译的很多错误也是这样来的。那么如果我们再教小明一句英语“你好吗”（How are you），他又背了下来，现在小明就可以翻译两句话了。当然，小明不可能将所有中文句子到英文的翻译背下来，死记硬背学习英语的方法是所有老师都反对的。因此，小明为了将中文的文章翻译成英文，需要先学会这两种语言，然后读中文写的文章，逐句理解它的含义之后，再根据语法和语义，翻译成英文。

过去科学家们研制机器翻译系统就是这个思路，而奥奇在谷歌做的翻译系统没有采用这种思路，而是采用类似于死记硬背的笨办法，也就是说通过数据学到了不同语言之间很长的句子成分的对应，然后直接把一种语言翻译成另一种语言。当然前提是，奥奇使用的数据必须比较全面地覆盖了汉语、英语和阿拉伯语所有的句子，然后通过机器学习，获得两种语言之间各种说法的翻译方法，也就是说具备两种语言之间翻译的完备性。幸运的是，奥奇当时是在谷歌工作，有条件获得完备的主要语言常见说法的数据和两种语言对应的译法，而其他研究单位没有这么完备的数据，因此奥奇才能够做得比别人好。

美国媒体还报道过另一个大数据完备性的例子——预测 2012 年美国总统大选结果。我们在上一章提到，盖洛普博士靠成功地预测了 1936 年美国总统大选的结果而出名，从此他的公司在每次美国大选时都做预测。总的来讲，盖洛普公司的预测虽然结果正确的时候占大多数，但是也错了不少次，而且即使在它预测正确的时候，也没有一

图 2–10　死记硬背的学习方式

次能够正确预测美国全部 50 个州再加上华盛顿特区的选举结果。为什么准确预测美国各州的选举结果那么重要呢？因为美国总统的选举不像法国那样是简单的一人一票制，而是先由各州选举出该州的获胜者，这个获胜者通吃全州被分配的选票数额（比如加州是 55 票），[①] 因此准确预测各州的选票很重要。在过去，盖洛普公司做了这么多年的预测也做不到准确预测全部 50+1 个州的结果，因此统计学家认为这不是盖洛普公司本事不大，而是这件事本身就办不到。美国每次大选时选举结果事先不明朗的州大约有 10 个左右，在那些州里，各候选

① 缅因州和内布拉斯加州除外，这两个州是按照州内选区分配选举人票数。

人支持率民意调查的差距比标准差要小很多，因此可以讲各种民调给出的结论基本上是随机的。要随机猜对 10 个州的大选结果，这个概率其实不到千分之一，是非常小概率事件。

但是到了 2012 年，情况发生了变化，一个名叫纳德·西尔弗（Nade Silver）的年轻人，利用大数据，成功地预测了全部 50+1 个州的选举结果（见图 2–11）。这让包括盖洛普公司在内的所有人都大吃一惊。西尔弗是怎样解决这个难题的呢？其实他的思路很简单，如果有办法在投票前了解到每一个人会投哪个候选人的票，那么准确预测每一个州的选举结果就变得可能了。于是，他在互联网上，尤其是互联网的各种社交网络上，尽可能地收集所有和美国 2012 年大选有关的数据，其中包括各地新闻媒体上的数据，留言簿和地方新闻中的数据，Facebook（脸书）和 Twitter（推特）上大家的发言及其朋友的评论，以及候选人选战的数据，等等，然后按照州进行整理。

图 2–11　2012 年，西尔弗预测的美国大选结果（左）和实际的结果（右），红色代表共和党获胜，蓝色代表民主党获胜

虽然西尔弗还做不到在大选前得到每一个投票人的想法，但是他统计的数据已经非常全面了，远不是民意调查公司所能比拟的。另一个重要的因素是，西尔弗的数据反映了选民在没有压力的情况下真实的想法，准确性很高。两点结合到一起，西尔弗获得了对选民想法的全面了解，或者说在某种程度上具有了数据的完备性，因此他能够准确预测 2012 年美国大选结果也就不奇怪了。

在 2016 年美国总统大选前夕，一些研究大数据的人，已经通过分析 Facebook 上的数据，察觉到了特朗普可能获胜。就连 Facebook 自己，也一改之前主观上偏袒希拉里的做法，试图让自己显得中立。虽然 Facebook 没有全部美国选民的数据，但是它在美国有上亿的用户，非常全面地覆盖了选民群体。

当然，数据的完备性并非在所有时候都可以获得，但是局部数据的完备性还是有可能获得的，因此利用局部完备性，我们可以解决部分问题。在下一节计算机自动回答问题的例子中，我们可以看到局部的完备性也能够帮助我们。

了解了大数据的三个重要特征后，我们再来看大数据的及时性。及时性其实不是大数据必需的特征，但是有了及时性可以做到很多过去做不到的事情，城市的智能交通管理便是一个例子。在智能手机和智能汽车（特斯拉等）出现之前，世界上的很多大城市虽然都有交通管理（或者控制）中心，但是它们能够得到的交通路况信息最快也有 20 分钟时滞，这是谷歌在 2007 年最初推出谷歌地图交通路况信息服务时所面临的情况。这些信息虽然以较快的方式加入谷歌的服务中，但用户看到时，却已经有了半小时的延时。如果没有能够跟踪足够多的人出行情况的实时信息的工具，一个城市即使部署再多的采样观察点，再频繁地报告各种交通事故和拥堵情况，整体交通路况信息的实时性也不会比 2007 年有多大改进。

20 分钟
延时
数分钟延时
信息获取通道
交通信息
城市交通中心
地图服务提供者
地图和交通
信息使用者
少量零散信息
数分钟
延时

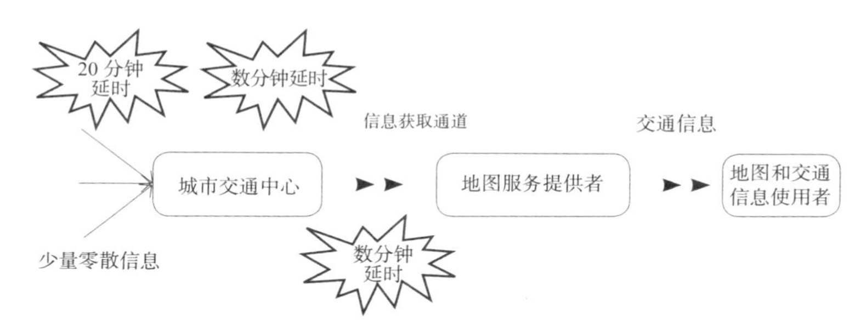

图 2–12　过去交通路况信息发布的流程

但是，在能够定位的智能手机出现后，这种情况得到了根本的改变。由于智能手机足够普及，并且大部分用户开放了他们的实时位置信息（符合大数据的完备性），使得做地图服务的公司，比如谷歌或者百度，有可能实时地得到任何一个人口密度较大的城市的人员流动信息，并且根据其流动的速度和所在的位置，很容易区分步行的人群和行进的汽车。

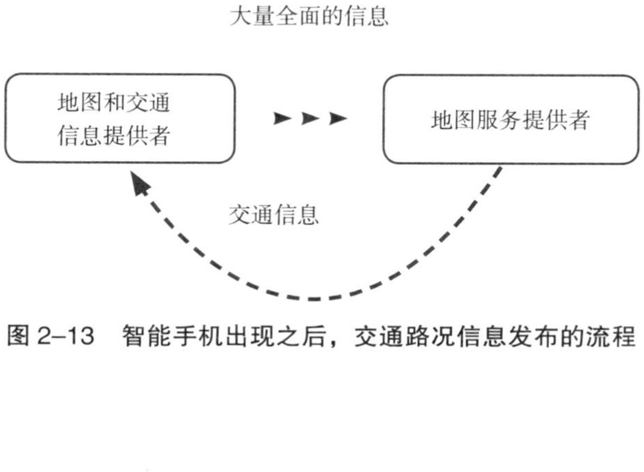

大量全面的信息
地图和交通
信息提供者
地图服务提供者
交通信息

图 2–13　智能手机出现之后，交通路况信息发布的流程

由于收集信息的公司和提供地图服务的公司是一家，因此从数据采集、数据处理，到信息发布中间的延时微乎其微，所提供的交通路况信息要及时得多。使用过谷歌地图服务或者百度地图服务的人，都很明显地感受到了其中的差别。当然，更及时的信息可以通过分析历史数据来预测。一些科研小组和公司的研发部门，已经开始利用一个城市交通状况的历史数据，结合实时数据，预测一段时间以内（比如一个小时）该城市各条道路可能出现的交通状况，并且帮助出行者规划最好的出行路线。我们在后面的章节里还会介绍大数据帮助改进城市交通的案例，并且分析大数据及时性对社会带来的影响。

理解了大数据的特征后，我们再来看大数据中的“大”意味着什么。这里通过分析它名称的英文写法就能够知道，英语里的 large 和 big 翻译成中文都是“大”的意思，因此很少有人关心为什么大数据使用“big data”这个英语词组，而不是“large data”。但是，在大数据被提出之前，很多通过收集和处理大量数据进行科学研究的论文，都采用 large 或者 vast（海量）这两个英文单词，而不是 big。比如我们常常可以看到论文的标题包含“large scaled”“vast data”“large amount”等词组，但是很少用 big。

那么 big、large 和 vast 到底有什么差别呢？ large 和 vast 在程度上略有差别，后者可以看成是 very large 的意思。而 big 和它们的差别在于，big 更强调的是相对小的大，是抽象意义上的大，而 large 和 vast 常常用于形容体量的大小。比如“large table”常常表示一张桌子尺寸很大，而如果说“big table”其实是要表示这不是一张小桌子，真实尺寸是否很大倒不一定，但是这样的说法是要强调已经称得上大了，比较抽象。

仔细推敲英语中 big data 这种说法，我们不得不承认这个提法非常到位。它最重要的是传递了一种信息——大数据是一种思维方式的改变。现在的数据量相比过去大了很多，量变带来了质变，思维方式、做事情的方法就应该和以往有所不同。这其实是帮助我们理解大数据概念的一把钥匙。在有大数据之前，计算机并不擅长解决需要人类智能来解决的问题，但是今天这些问题换个思路就可以解决了，其核心就是变智能问题为数据问题。由此，全世界开始了新一轮的技术革命——智能革命。

变智能问题为数据问题

尽管在过去的半个世纪，计算机的运算速度一直呈指数级提升，可以做的事情越来越多，可是给人的印象依然是“快却不够聪明”，比如，它不能回答人的提问，不会下棋，不认识人，不能开车，不善于主动做出判断……然而当数据量足够大之后，很多智能问题都可以转化成数据处理的问题，这时，计算机开始变得聪明起来。第一次让全世界感到计算机智能水平有了质的飞跃是在 1996 年，那一年计算机第一次战胜人类的国际象棋世界冠军。不过相比 2016 年 AlphaGo 战胜李世石，那一次的比赛更加一波三折，惊心动魄。

1996 年，IBM 的超级计算机深蓝和当时的国际象棋世界冠军卡斯帕罗夫进行了一场六番棋的比赛。卡斯帕罗夫是世界上最富传奇色彩的国际象棋世界冠军，他的等级分之高在当时创造了纪录。这个纪录直到十多年后，才由今天的世界冠军卡尔松打破，即便如此，卡斯帕罗夫也依然保持着有史以来第二高的等级分。在那次对局的第一盘，学习了卡斯帕罗夫过去棋谱的深蓝执白先行，并且先声夺人赢下了这一盘。这让全世界感到震惊，虽然大家觉得计算机最终可能在国际象棋上战胜人类的冠军，但是这一天来得比绝大部分人预料的要早。不过，善于应变的卡斯帕罗夫在随后的五盘棋中没有再输，最后以 3.5 ：1.5 的比分战胜了深蓝。对于这次比赛，媒体认为一方面深蓝的表现足够好了，虽然在总比分上它输了，但这毕竟是计算机第一次在国际象棋上战胜人类的冠军；另一方面，计算机还不够聪明，它不仅缺乏应变能力，而且还会出现低级错误。[①] 因此，大家的结论是计算机在下国际象棋方面全面超过人类还有待时日。

但是，时隔一年，1997 年 5 月，经过改进后的深蓝卷土重来。

这一次比赛还是六盘决胜负，不过第一盘是由卡斯帕罗夫执白先行。卡斯帕罗夫以自己熟悉的王翼印度进攻开局，[②] 然后牢牢把握住先行的优势。到了第 44 步时，深蓝走出了一步非常怪异的棋，这让卡斯帕罗夫误以为计算机有了超级智能。当然，他还是平稳地走出了第 45 步，并且让深蓝放弃认输了。事后 IBM 承认，这步怪棋其实源于程序

---

① 后来发现这个低级错误是程序的 bug（漏洞）导致的。

② 国际象棋中最常见的开局之一，先行的一方先将王前面的兵跳两步，然后用后兵上前一步保护王兵，这种开局进攻性很强。

的一个 bug，使得深蓝找不到合适的走法，而采用了预先设定的保守走法。深蓝虽然输了第一盘，但是给卡斯帕罗夫在心理上造成了压力，因为他不知道计算机到底有多么聪明。后来西尔弗评论道，能够不按常规行事其实是超级智能的表现。

第二盘由深蓝先行，它走了常见的洛普兹开局[①]，双方行棋平稳，但是进行到残局时，深蓝又走出了一步非常规的走法，在 45 步后，卡斯帕罗夫想不出破解的方法，推盘认输了。那时候，他观棋的朋友告诉他实际上这盘棋还有救，能够走成和局。不过，今天一些国际象棋下得最好的计算机，比如 Stockfish[②]，都能够在深蓝那局棋的基础上，在各种应变的情况下获胜。因此，那一盘棋卡斯帕罗夫输得并不冤。

在接下来的三盘里，双方下成和棋，其中在第四盘卡斯帕罗夫因为用时过多，被迫弈和；第五盘卡斯帕罗夫在盘面占优的情况下被深蓝逼和。在这两盘棋中，深蓝显示出了超强的计算能力。应该讲在前五盘中，双方发挥正常。

到了第六盘，卡斯帕罗夫在开局时采用了他第四盘的下法——卡罗－康防御[③]，这是执黑的棋手为了抵消后手劣势采用的一种迅速简化棋盘、拼比残局实力的走法。但是，深蓝没有重复第四盘的走法，

---

① 西班牙的一种开局法，虽然也是先将王前的兵跳两步，但是接下来以王翼的马跳上去保护，然后出象。这种开局能够以最短时间实现王车易位，相对攻守平衡。

② 如今这些计算机在国际象棋上能够轻松战胜任何人。

③ 卡罗－康（Caro-Kann）防御是由两位德国棋手卡罗和康共同创立而得名。它的开局思路是，黑方避开各种复杂的变化，经过兑子快速过渡到中残局，然后比拼后半盘的棋力。

通过大胆弃马攻破了卡斯帕罗夫的防线。这一盘只下了 20 多手，卡斯帕罗夫还没等到进入残局就认输了，比通常国际象棋的进度短了一半。

从我描述的这个过程来看，似乎计算机已经足够聪明了，以至卡斯帕罗夫拿它没有办法——它甚至像人一样会做出一些想象不到的反应。当时的媒体对深蓝的评论也是这样的，以至 IBM 的股票因此而飙升。但在这看似聪明的表象背后，其实是大量的数据、并不算复杂的算法和超强计算能力的结合。深蓝从来没有，也不需要像人一样思考。

IBM 其实在 1996 年那次对弈之前，就收集了所有能够找到的卡斯帕罗夫的对弈记录。IBM 深蓝小组所做的事情，就是利用这些数据建立了一些模型。具体的做法如下：

计算机利用数学模型，能够在棋盘的任何一个状态下，比如说某个状态叫作 S，评估出自己和对方获胜的概率为 $P(S)$。当它要考虑接下来可能的走法，比如说有 N 种[①]走法时，先要考察这些走法分别对应的状态，假设是 S_1'、S_2'……S_N'，计算出相应的获胜概率为 $P(S_1')$、$P(S_2')$ ……$P(S_N')$。根据这些概率，深蓝找出一个让自己获胜概率最大的状态，我们不妨假设是 Sk'，它就往这个方向走。接下来，该对方走棋了，对方走出一步棋后棋盘进入一个新的状态 S''。这时深蓝再根据自己能够选择的有限走法，假如这回是 M 种，分别

① 对于国际象棋，这些可能性并不多。

对应状态 S_1'''、S_2'''……S_M'''，再计算出每一个对应的新状态的获胜率 $P(S_1''')$、$P(S_2''')$ ……$P(S_M''')$，然后挑一个产生最大胜率的走法，比如是 $P(S_i''')$，如图 2–14 所示。

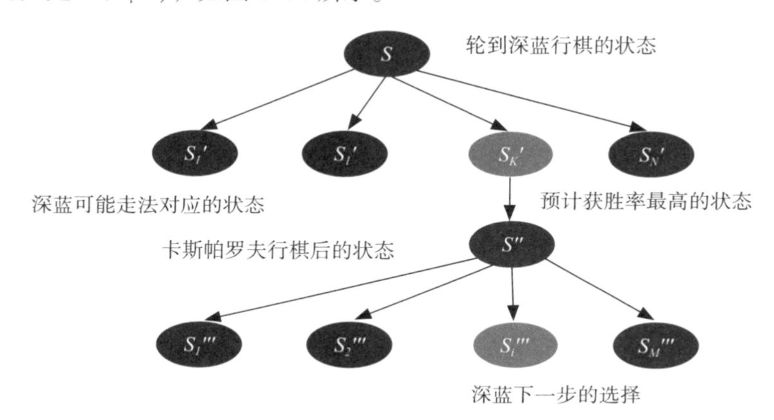

图 2–14 计算机下棋的博弈图

当然，深蓝在评估自己和对方的获胜率时，会根据历史的数据考虑卡斯帕罗夫可能采用的走法，对不同的状态给出可能性的估计，然后根据对方下一步走法对盘面的影响，核实这些可能性的估计，找到一个最有利于自己的状态，并走出这步棋。因此，深蓝的团队其实把一个机器智能的问题变成了一个大数据的问题和大量计算的问题。顺便提一句，AlphaGo 在具体的算法上和深蓝略有差异，但是它们博弈的原理是相同的。

在 1996 年的那次对弈中，深蓝团队研究了卡斯帕罗夫的历史数据，对他的棋风还是颇有了解的。如果卡斯帕罗夫按照通常的习惯走，深蓝应该是能够应付的。这或许是深蓝能在第一盘出奇制胜的原因。但是，深蓝使用的数据量显然不够，因此卡斯帕罗夫稍微变招数，深蓝就处于被动状态。到了 1997 年，深蓝团队不仅把计算机的速度提升了两个数量级，而且召集了全世界上百位国际大师[①]，收集和整理了全世界各位大师的对弈棋谱，供计算机学习。这样一来，深蓝其实看到了名家们在各种局面下的走法，或者说人类能够想到的各种好棋，它都见识过了，这就具备了大数据的完备性。在第二次六局对弈中，除了第一盘深蓝因为 bug 最后负于卡斯帕罗夫，最后五盘非胜即平，一些走法甚至出乎卡斯帕罗夫的意料。也就是说，深蓝看过的棋局其实已经超过了后者。此外，作为机器，深蓝还具有卡斯帕罗夫所不具备的另一个优势，那就是不受情绪的影响，发挥可以相对稳定。这个性质在很多智能应用中至关重要。

自 1997 年之后，计算机下棋的本领越来越高，而且进步速度超出人们的想象。今天在国际象棋上，任何人都无法与好的计算机抗衡了。按照早期对机器智能的定义，如果计算机能够在国际象棋上超过人，就说明它有了智能。然而尽管如此，大部分人，包括围棋界和科技界的权威人士，在 2015 年底仍然认为 AlphaGo 还达不到顶级围棋手的水平。但是 2016 年 1 月，AlphaGo 战胜了人类的欧洲围棋冠军樊麾二段。2016 年 3 月，AlphaGo 再次用事实证明了它的水平已超过人类的顶级高手——它与韩国著名棋手李世石九段进行了五番棋比赛，结果以 4：1 大胜，震惊世界围棋界和科技界。关于 AlphaGo 的

---

① 国际象棋的最高等级是国际特级大师（Grandmaster，等级分为 2 500 以上），其次是国际大师（Master，等级分 2 400 以上）。

具体算法，我们在后面介绍深度学习时再详细讨论。

机器智能真的在很多方面超过人类了吗？大家对此的看法不一。持否定看法的一些人，习惯于把计算机已经完成的问题归结到非智能问题中。在过去，当计算机能够识别语音并理解其含义时，这个问题也从智能问题中被删除了。当计算机战胜人类的国际象棋冠军后，他们会说计算机还不会下围棋；当计算机在围棋上也表现卓越时，他们就把下棋这件事由过去的智能问题改成了计算问题。当然，虽然机器的智能在不断地提高，但总是有几件事情一直做得不好，因此人类还可以很自豪地说自己的智能水平比机器高。

在计算机尚未做好的事情中，回答那些需要进行推理的复杂问题或许可以算是一种。比如，计算机是否能够回答“夏天为什么比冬天热”这样的问题。在计算机自动问答研究领域，科学家已经研究了多年。通常我们把问题归结为 7 类：“是什么”（What）、“什么时候”（When）、“什么地点”（Where）、“哪一个”（Which）、“是谁”（Who）、“为什么”（Why）和“怎么做”（How）。由于它们都是以 W 或者 H 开头的，这 7 个疑问词又被称为 WH 单词（WH words），各种问题也被称为 WH 语句。在这 7 类问题中，容易回答的是询问事实，包括“是什么”（What）、“什么时候”（When）、“什么地点”（Where）、“哪一个”（Which）和“是谁”（Who），比如：“美国的总统是谁？”难回答的是询问原因的“为什么”（Why）问题，以及询问过程的“怎么做”（How）问题。全世界的自然语言处理专家和机器智能专家对这两类问题的机器自动问答研究了很多年，直到 2012 年，都没有找到好的方法。

2012 年，我离开腾讯回到谷歌，我的上级领导辛格博士和尤斯塔斯对我讲，不指望我做什么马上见成效的产品，而是希望我解决一些和机器智能有关的根本性问题，前提是这些问题解决之后，微软要花 5 年时间才能追赶得上。我花了一个多月的时间在公司里寻找要解决的问题。当时谷歌的云计算平台和大数据平台已经搭建得非常完善了，自然语言处理的基础工作（比如，所有网页中主要语言的每一句话都做了句法分析）都已经完成，对前五类简单问题的回答在林德康博士的领导下已经做得非常完善了。但是，还没有人触及对复杂问题的回答，因为大家都觉得这件事情太难，以前学术界几十个研究所、上百名一流的科学家都没能解决这个问题。

不过，根据我对谷歌基础条件和数据准备情况的考察，我发现如果换一个思路来解决计算机回答复杂问题的难题，就有可能另辟蹊径解决或者至少部分解决这个难题。当我把这个想法告诉辛格博士时，他的第一反应是，“如果其他公司和研究所做不到，我们是否有一些别人没有的条件，使得我们能做到”。我回答他说，是数据。接下来我向他介绍说，可以将这个智能问题变成一个大数据的问题。

我们解决问题的方法是这样的：

第一步，根据网页确定哪些用户在谷歌问过的复杂问题可以回答，而哪些回答不了。根据我们的研究发现，大约 70%~80% 的问题，在谷歌第一页搜索结果中都有答案。例如在谷歌、必应（Bing）或者百度问一个“为什么”的问题，比如问“天为什么是蓝色的”或者“为什么夏天比冬天热”，然后打开上述搜索引擎给出的前 10 条搜索对应的网页，通常都能找到想要的答案（见图 2–15）。但是，如果只看这些搜索引擎的摘要，只有 20%~30% 的问题的答案正好在摘要中。这实际上反映出在 2012 年的时候，计算机与人在理解问题和回答问题上的差异。那么如果我们把目标设定在只回答那些在网页中存在答案的问题，我们其实就具备了大数据的完备性。

第二步，就是把问题和网页中的每一句话一一匹配，挑出那些可能是答案的片段，至于怎么挑，就要依靠机器学习了。

第三步，就是利用自然语言处理技术，把答案的片段合成为一个完整的段落。

听了我的介绍，辛格博士觉得这条道路似乎走得通，于是我们在山景城很快就成立了一个团队来开发计算机回答复杂问题的原型系统。

图 2–15 谷歌自动问答（问题为“天为什么是蓝色的”，问题下面是计算机产生的答案）

出于保密的考虑，我在这里不便透露我们做法的细节。简单地讲，我们建立起了一个由世界各地科学家和工程师组成的联合团队，按照大数据处理的思路，经过两年的努力，使得计算机能够回答 30% 的复杂问题，包括“天为什么是蓝色的”“为什么夏天比冬天热”“怎样烤蛋糕”之类的问题。我们将计算机产生的答案和人回答的答案拿给测评人评估，对于大部分问题的答案，测评人无法判断机器产生的答案与人回答的哪个更准确、更好。按照图灵博士的定义，我们实际上已经让计算机具有了某种等同于人类的智能。

计算机下棋和回答问题，体现出大数据对机器智能的决定作用。我们在后面会看到很多各种各样的机器人，比如谷歌自动驾驶汽车、能够诊断癌症或者为报纸写文章的计算机，它们不需要像科幻电影里的机器人那样长着人形，但是它们都在某个方面具有超过人类的智能。这些机器人的背后，是数据中心强大的服务器集群，而在服务器集群的内部，是大量的数据和将现实问题转化为计算问题的数学模型。

我们在介绍全部技术细节之前，特别强调了今天人工智能所采用的方法和人注重逻辑推理的思维方法的不同，它是利用大数据，从数据中学习获得信息和知识，然后再应用到实际问题中。如今，这一场由大数据和机器智能引发的改变世界的革命已经发生，我们在后面几章会从多个角度深入地介绍它。这次技术革命的特点是机器的智能化，因此我们称之为智能革命也毫不为过。

本章小结

我们对大数据重要性的认识不应该停留在统计、改进产品和销售，或者提供决策的支持上，而应该看到它（和摩尔定律、数学模型一起）导致了机器智能的产生。而机器一旦产生和人类类似的智能，就将对人类社会产生重大的影响。毫不夸张地讲，决定今后 20 年经济发展的是大数据和由之而来的智能革命。

03

深度学习与摩尔定律

让计算机能够产生智能的三个要素是数据、数学模型和硬件基础，所以有了海量数据，就需要解决如何建立数学模型和硬件基础是否可以承载的问题。这就不得不讲讲今天大热的深度学习，以及在过去半个多世纪里，让计算机处理器的性能增长了上亿倍的摩尔定律。

今天在人工智能领域最热门的数学模型当属被称为深度学习的深度神经网络。2019 年 3 月 26 日，美国计算机协会（ACM）公布了上一年（2018 年）图灵奖评选的结果，对深度学习做出开创性贡献的三名美国和加拿大科学家约舒亚·本吉奥（Yoshua Bengio）、杰弗里·辛顿（Geoffrey Hinton）和杨立昆（Yann LeCun）荣获该奖。这说明了学术界对深度学习在人工智能进步贡献的认可。图灵奖通常每年授予一名在计算机科学领域做出重大而具有持久影响力贡献的人。同时授予三个人，在历史上是第三次，这也说明深度学习并非一个人的贡献，而是一个时代很多科学家共同努力的结果。

可以讲，一方面，没有深度学习就没有 AlphaGo，因为是它将下围棋这个本属于棋道的事情变成了一个计算问题。另一方面，假如没有摩尔定律所带来的计算机性能的提升，我们还是采用 1946 年 ENIAC 技术来实现 AlphaGo 的程序，即使能够实现也需要 400 万个三峡发电站来为它供电。这一章我们就通过解析深度学习的内核和分析摩尔定律的本质，进一步阐述人工智能的原理和它所需要的核心技术。

什么是机器学习

今天，深度学习是一个很时髦的词。只要你说会深度学习，就有公司愿意每年花 100 万美元聘请你。有一次我的导师库旦普教授和我讲：“在深度学习变成热词之前，是人找工作，在此之后是工作找人。”因此，谈到深度学习，大家会觉得它神秘而高深莫测。

那么什么是深度学习？它是一种特殊的机器学习方法。因此要搞清楚它是怎么一回事，我们要先了解什么是机器学习。

我们在前面讲到，今天的人工智能，其实是把现实生活中的问题变成了可计算的问题，然后才能用计算机算出来。这中间的桥梁是数学模型。很多问题可以用非常确定的数学模型来描述和解决，比如计算长程火炮弹道的问题，计算日食、月食出现的时间和地点，等等。我们只要把相应的公式用计算机的语言写一遍，再代入参数，就能计算出来。但是，更多问题的解决方法是不确定的，即使我们找到了相应的数学模型，也不知道应该代入什么参数，比如语音识别、人脸识别和机器翻译等就是如此。因此，我们需要让计算机从大量的数据中自己学习得到相应的参数，这个过程就被称为机器学习。

机器学习这个术语非常形象，它和我们人类学习一样，有两个相同的特点。

首先，我们需要知道什么时候算是学好了，也就是说要有一个目标，达到目标就算学习完成了。对人来讲，衡量学习好坏的目标通常是考试，考试成绩达到合格的水平就算通过了，否则就要进一步学习。对于机器学习也是如此，需要设定一个目标，用机器学习的专业术语来说就是“期望值最大化”（expectation maximization）。这里的期望值未必是一个具体的数字，而是一个（或者一组）目标函数，它是事先定下来的。机器学习的过程，就是用计算机算法不断地优化模型，让它越来越接近真实的情况的过程。

其次，机器学习的效果取决于三个因素。

第一，不断学习的深度。机器学习可不是一次就能完成的，它的训练算法需要不断地迭代执行。这就如同我们人在学习时要不断强化记忆，不断通过练习搞清楚更多、更难的概念一样。在机器学习时，通常迭代的次数越多，或者通俗地讲，学习得越深入，得到的数学模型效果越好。因此，即使采用同样的数据、同样的算法，采用不同的迭代深度，得到的结果也会有所不同。

第二，学习时使用的数据量。正如我们在自己学习时，做的练习题越多，通常考试成绩越好。机器学习也是如此，数据量越多，效果越好。这就是为什么奥奇在谷歌开发的系统比他之前开发的两个系统好很多的原因。

第三，数据的质量。我们在复习考试时，如果做的练习题和所学的内容，甚至和将来考试的内容相一致，效果就好；如果做了很多杂七杂八与考试完全不相干的题，就是浪费时间。机器学习也是一样，如果训练数据比较干净，即反映我们要找的统计规律，那么学习的效果就好；反之，如果混有大量的噪声，学习效果就差，如果全是噪声，学习就没有结果。

虽然我们都希望数据量要尽可能大，最好还很干净、无噪声，同时还能迭代很多次，但是这在工程上其实很难做到。

首先，完全不经过过滤的数据难免会混入噪声，而人工滤除噪声，成本是很高的，在一些情况下甚至做不到。比如 AlphaGo 一开始采用的是人对弈的数据，开发团队把一定段位以上选手（所谓的高手）的对弈数据都收集来进行训练。后来，团队发现数据里面其实是“妙手”和“臭棋”相混杂，而这些噪声根本无法去除。因为无法请来很多高手鉴别每一手棋，甚至人类最好的棋手对好棋、坏棋的看法也不一致，因此，AlphaGo 的训练程序后来只好自己生成相对干净的数据来训练。

其次，机器学习的算法通常都比较“慢”，用比较专业的术语讲，就是计算复杂度太高。[①] 因此随着数据量的增加，计算时间会剧增——几万倍，甚至几亿倍地增加。在过去，由于计算能力的限制，以及并行计算工具不够有效，人们在机器学习时，通常不得不在两种方案中二选一：

> 方案一，采用大量的数据，较少的迭代次数，训练一个比较简单的模型。我们可以把它理解成一种浅层的机器学习。
>
> 方案二，采用比较复杂的模型，较少的数据，经过很多次迭

---

① 很多机器学习的算法都不是多项式复杂度的，因此算法专家致力于将这些算法在特定应用中做一些近似和简化。即便如此，这些简化后的算法也是高阶多项式的，数据量增加一点点，复杂度会增加很多。

代训练出准确的小模型。我们可以把这种方式理解成复杂模型的深层学习。我们不称之为深度学习，因为深度学习有别的特殊含义。

在 20 世纪 90 年代之前，由于数据量少，大家一般采用第二种方案。2000 年之后，由于很容易获得大量的数据，大家倾向于采用较少迭代训练出的“较粗糙”的模型。事实证明，它要比用少量的数据、深层的学习、精耕细作得到的模型效果更好。奥奇使用的六元模型，在自然语言处理中，就是比较浅层的。

是否有可能用大量的数据，进行深度的训练，然后得到更好的模型呢？从理论上讲，有这个可能性，而且结果一定会更好。但是，这件事过去在实际应用中非常难做到，原因是这样的计算量很大，不仅计算时间长，而且需要计算机系统有非常大的内存空间，通常不是几台计算机能够完成的。这件事直到谷歌在 2010 年开发出谷歌大脑（Google Brain），才算第一次变成了现实。

那么谷歌大脑是什么呢？它和人脑结构有关系吗？

其实，谷歌大脑和人脑无关，它是一种深度学习的工具，我们熟知的 AlphaGo 就是用它来训练下围棋的程序的，而要了解谷歌大脑就需要从深度学习说起。

深度学习与谷歌大脑

机器学习根据数学模型的特点可以分为两类。第一类是大概知道模型的形式，用机器学习计算出它的参数（这个过程被称为训练）。其实，在天文学发展过程中，无论是托勒密的地心说模型、哥白尼的日心说模型，还是后来开普勒改进的椭圆轨道的日心说模型，都是先有大致的模型，再用观察的数据算出参数。我们可以把这个过程看作"人肉机器学习"。在概率统计中，经常使用的是这样的方法。第二类是根本不知道模型是什么样子，因此只能设计一些简单的、通用性强的模型结构，然后使用大量的数据训练，训练成什么样就是什么样。这样的模型其实就是一个黑盒子，即使有效，也不清楚里面是什么。深度学习就是后一种机器学习的方法。

深度学习源于早期的人工神经网络（artificial neural network，简称 ANN，或简称为"神经网络"）。虽然它的名字里有神经网络这几个字，其实它和人的脑神经没有任何关系，它只是一个特殊的分类器（见图 3–1）。在这个分类器中，一端（也被称为输入端）会输入一些信号，今天这些信号就是数据，另一端（也被称为输出端）则会在某些事先设定好的类别中挑选出一类。这个网络的内部是一些信息传输

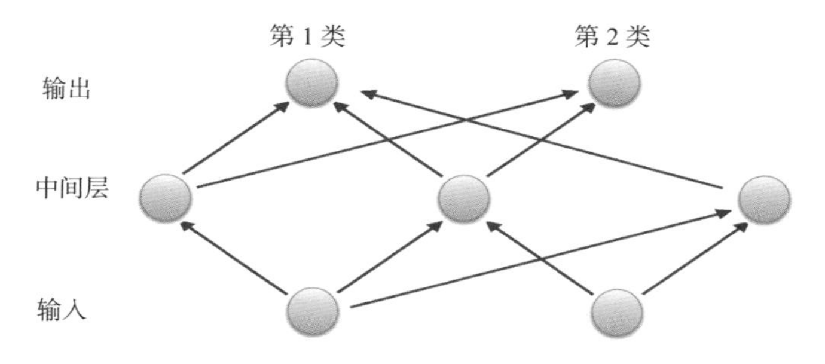

图 3–1　人工神经网络是一个特殊的分类器

通道（也被称为弧），以及通道交汇的节点。由于世界上很多看似人工智能的问题都可以变为分类问题，比如各种图像识别、语音识别、博弈、计算机辅助决策、计算机翻译等，因此人工神经网络这种工具近年来越来越普及，解决了很多过去的难题。

我们在本章开头提到的本吉奥、辛顿和杨立昆三个人，远非最初研究人工神经网络的科学家，更不是这个概念的提出者。人工神经网络的历史甚至可以追溯到计算机诞生之前。而人类第一次设计出计算机能够运行的简单的神经网络算法，是20世纪50年代的事情。1956年，罗切斯特等人在IBM 704计算机上实现了神经网络，他也是当年提出人工智能概念的10位科学家之一。早期的人工神经网络虽然给予了人们很多遐想的空间，却解决不了实际问题，以至于从20世纪60年代后期到70年代初期，这项研究就被美国政府的经费管理部门打入了冷宫，因为它花掉了很多钱却没有取得任何实质性的成果。

到20世纪80年代，由于摩尔定律使计算机成本大幅度下降，英特尔等公司的微处理器性能的提升，使得廉价的分布式并行处理成为可能（这一点我们后面的章节会介绍），人工神经网络经过改进后又流行起来。当时计算机科学家在教科书里甚至发明了一个新词——连接主义，来形容这种改进后的模型。因为再用过去“神经网络”的提法，是拿不到科研经费的。随后，科学家们果然再次拿到了美国政府的资助。不过，由于人工神经网络的一些根本性问题没有解决，对于复杂的人工智能问题依然束手无策，不久之后这个领域的研究再次遇冷，政府的科研基金管理部门也认定这是新瓶装旧酒，骗取科研经费的行为。于是从 20 世纪 90 年代中期到 21 世纪初的 10 年，是全世界人工智能的又一个低谷。那个时期人工智能的博士生在找工作时都不好意思讲自己研究的课题是人工智能，因为不仅没有单位要，而且还会被看成是“大忽悠”。著名的深度学习专家邓力博士（曾经担任过微软的杰出研究员），是当时所剩不多还在研究人工神经网络的学者。2017 年，他在一次人工智能会议中说，在那个低谷时期，做报告时听众比发言的人还少。有一次他看到能坐几百人的报告厅只有前排寥寥几个人，发言时他恳求大家不要走。更让他吃惊的是，听完他的报告，其中一位老先生讲：“你放心，我是不会走的，但是等会儿请你也留下来，因为下一个报告人就是我。”

但是，就在大家都不看好人工神经网络的时候，本吉奥、辛顿和杨立昆三个人分别在各自的大学从事着大家都看不上的研究。他们通过将概率论和其他机器学习的算法引入人工神经网络，改进了这项历史悠久的机器学习技术，并且拓宽了它的应用范围。

2008 年后，随着云计算的兴起，人们有可能实现非常大规模，也就是网络层次非常深的人工神经网络（过去的神经网络只有三五层）。由于过去人工神经网络和连接主义在美国政府科研机构的名声不太好，这次他们换了一个说法，叫作深度学习，有时也称为深度神经网络（deep neural networks，简称 DNN）。

这次本吉奥、辛顿和杨立昆的运气非常好，因为时代为他们准备好了验证理论的条件——大量的数据和超强的计算能力。2010年，谷歌宣布开发出名为谷歌大脑的深度学习工具。从机器学习理论上来讲，谷歌大脑没有任何突破，只是把过去的人工神经网络的算法并行地实现了，但是它的问世却同时引起了学术界和工业界的欢呼。这不仅因为从工程的角度上讲，谷歌大脑解决了很多模型并行化的难题，而且让人工神经网络能够解决很多真实的智能问题。在谷歌大脑随后的一系列改进中，本吉奥、辛顿和杨立昆的改进算法都在其中被实现了。这三个人也因此在学术界名声大噪，虽然此前他们都不曾就职于顶级的学术机构。

那么作为一个深度学习的工具，谷歌大脑有什么特殊之处呢？

首先，过去的人工神经网络无法训练很大的模型，即使计算的时间再长也做不到，因为内存中根本放不下和模型参数相关的数据。谷歌大脑的突破在于找到了一种方法，可以将一个大型模型上百万参数同时训练的问题，简化为能够分布到上万台（甚至更多）服务器上的小问题，这就使大型的人工神经网络训练成为可能。当然，谷歌还找到了（不是发明了）一些对大型模型并行训练收效比较快的训练算法，在可以接受的时间内，深度训练出一个大型的数学模型。谷歌在几个带有智能特色的问题上，用这个深度学习的工具对语音识别的参数进行重新训练，就将识别的错误率降低了15%（相对值），[①] 这对于机器翻译效果同样显著。

---

① 见参考文献（Quoc Le, 2012）。

其次，谷歌大脑的成功不仅向业界展示出机器学习在大数据应用中的重要性，而且通过实现一种机器学习并行算法，向大家证明了深度学习所带来的奇迹。至于谷歌选择人工神经网络作为机器学习的算法的原因，听上去有点匪夷所思，细想起来却很有道理——人工神经网络的核心算法几十年来基本上没有变过。人们从直觉上一般会认为不断改进的方法才是好的、应该采用的，但是在工程上却不然，像谷歌大脑这样试图解决各种问题（而不是一个特定问题）的大数据机器学习工具，实现起来工作量巨大，一旦实现，就希望能够使用很长时间，因此算法需要稳定，不能三天两头地改变。再到后来，谷歌干脆开放了针对深度学习的专用处理器 TPU（tensor processing unit，张量处理器），更是要求算法本身不要经常变化了。

说到这里，读者朋友可能要问，采用一个几十年前的算法，是否会让机器学习的效果受影响。对于某些特定的问题，确实会有某个机器学习的算法优于其他算法的情况，但是总体来讲，大部分机器学习算法是等效的，只有量的差别，没有质的差别，而量的差别可以通过规模和数据量来弥补。因此，谷歌的做法不失为一种好的折中方案。事实上，在 AlphaGo 采用谷歌大脑进行训练之前，它已经在改进广告系统、语音识别和机器翻译等项目中获得了成功。这说明它的通用性很强，对解决很多智能问题都有效。之后，谷歌一直强调它提供的是通用的机器学习工具，并且把这个工具作为推广云计算业务的撒手锏。

谷歌大脑只是一个非常基础的、通用的机器学习工具，在具体的应用中，还需要将特殊的问题变成可以使用这个工具来计算的问题，这就是利用工具进行二次开发的过程。包括谷歌在内的任何大公司也不可能独自把每一个领域的人工智能问题都解决掉，而一般的公司也不可能有技术力量去开发工程难度很大的机器学习基础工具，因此最好的解决方式就是由一些小公司来解决特定领域的人工智能问题。因此，近十年来，在靠近大学、相对远离商业的一些地区，诞生了一批人工智能初创企业。2012年，谷歌的安迪·鲁宾在离开安卓部门之后，作为拉里·佩奇的特别顾问，主导了谷歌对一批人工智能企业的并购，包括以5亿美元收购了只有100人左右的DeepMind公司。这家公司对外宣传其所做的事情是让计算机有思维，其核心技术就是研究通用的机器学习算法。AlphaGo就是DeepMind团队为了证明他们机器学习算法的有效性，利用谷歌的并行计算工具谷歌大脑，开发的人工智能应用。这也是2017年AlphaGo和柯洁下棋后，由谷歌大脑的发明人杰夫·迪安去做学术报告的原因。

在谷歌大脑诞生之后，出现了很多类似的深度学习工具。这几年人类在计算机视觉（比如人脸识别）、语音识别、自然语言处理（包括机器翻译）和机器人等领域取得了突破性进步，都和深度学习有关。

摩尔定律的馈赠

人工神经网络在被提出来的前50年都没有能很好地解决智能问题，其原因除了算法本身不完善之外，还因为计算机的硬件条件跟不上。不仅计算机的绝对速度不够快，而且单位计算能力的能耗太高，因此无法通过大量的服务器搭建并行计算的系统来实现深度人工神经网络。最终，摩尔定律让人工智能成为可能。

美国很多媒体（比如，1999 年《洛杉矶时报》报道）认为，半导体集成电路的发明是 20 世纪的最重要事件，它们还将发明晶体管的威廉·肖克利（William Shockley）和发明集成电路的罗伯特·诺顿·诺伊斯（Robert Norton Noyce）、杰克·基尔比（Jack Kilby）三个人认定为 20 世纪最伟大的美国人。相比之下，福特公司的建立者亨利·福特（Henry Ford）和带领美国打赢二战的富兰克林·德拉诺·罗斯福（Franklin Delano Roosevelt）只排在了第二位、第三位。

美国媒体对集成电路的赞誉是有根据的，因为它的发明和后来不断的进步，是我们这个时代经济高速发展的基础。1965 年，仙童公司和后来英特尔公司的联合创始人戈登·摩尔（Gordon Moore）博士预见到集成电路的能力将会按照每 18 个月翻一番的速度高速发展，这在后来被称为摩尔定律。图 3–2 显示的是过去半个多世纪里集成电路性能真实的进步速度。请注意：显示集成电路性能的纵坐标是对数坐标，因此虽然图中看上去是线性变化，其实是指数变化。

摩尔定律带来的结果是，在过去的半个多世纪里，计算机处理器的性能增长了上亿倍，耗电量却下降到百分之一，而价格可以便宜到和一杯星巴克咖啡差不多。从能量的角度看，摩尔定律其实反映出人类在单位能耗下，所能完成的信息处理能力的巨幅提升，而这是实现人工智能的基础。为了说明这一点，我们不妨计算一下如果采用 ENIAC 的技术实现 AlphaGo（如果能实现的话）要耗多

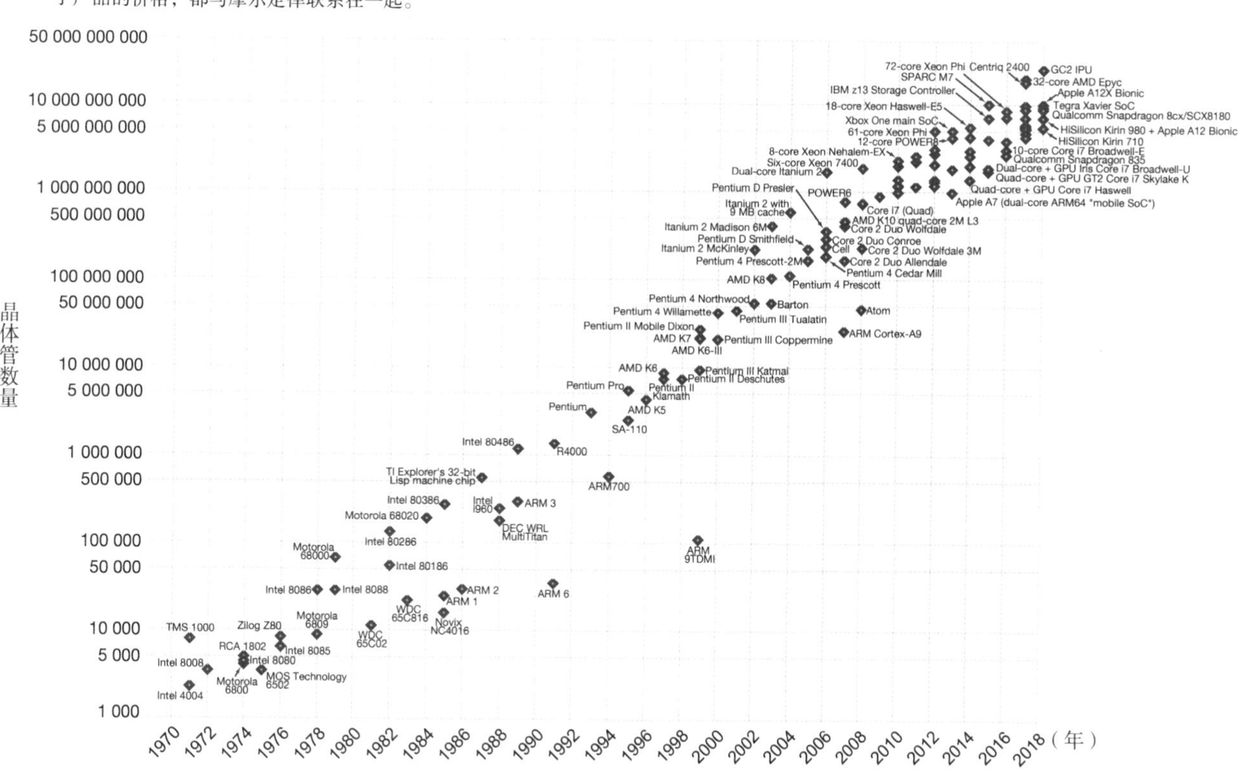

图 3–2　近 50 年来集成电路性能的进步速度

数据来源：维基百科（https://en.wikipedia.org/wiki/Transistor_count），可视化图表由 Our Worldin Date.org 绘制

少电。

2016 年和李世石对弈的 AlphaGo 使用了 1 920 个 CPU（中央处理器）和 280 个 GPU（图形处理器）。当时每个 CPU 每秒可完成 5 000 亿 ~7 000 亿次浮点运算，每个 GPU 每秒可完成 7 万亿次运算。这些处理器的计算能力相当于 6 000 亿台 ENIAC，而每台 ENIAC 的功耗是 15 万瓦，因此这 6 000 亿台 ENIAC 的耗电量为 90 拍瓦（10 的 15 次方瓦）。今天世界上最大的发电站是三峡发电站，它的装机容量为 21 吉瓦（10 的 9 次方瓦）。因此，至少需要 400 万个三峡水电站同时发出峰值的电量，才能让 AlphaGo 工作起来。从这件事你就不难理解为什么人工智能的突破发生在今天，而不是更早。

当然，在很多人工智能的应用场景中，不可能使用上千个 CPU 或者上百个 GPU 进行运算，能否进一步提高计算机的速度，就成为人工智能技术能否普及应用的关键。今天集成电路中晶体管的密度已经接近物理的极限，因此不可能像过去那样简单地提高处理器的绝对性能。这是一些半导体行业的人士认为摩尔定律已经不再成立的原因。所幸的是，今天和深度学习相关的计算都比较单一，因此可以通过设计专用的集成电路芯片，提高单位能耗的计算能力。比如适合从事简单运算的 GPU 在这方面就比通用中央处理器，也就是我们常说的 CPU，效率要高两个数量级甚至更多。2016 年，谷歌推出了专门进行深度学习计算的 TPU，按照谷歌的说法，它比英伟达的 GPU 在进行特定运算时，效率能够再提高两个数量级。当然，英伟达认为谷歌夸大其词，因为它的对比并不公平，但不管怎么样，通过专用处理器提高机器学习算法的运行效率，将是半导体行业一个努力的方向。

本章小结

今天人工智能的成就，在一定程度上和我们实现了深度学习这个算法工具有关，而它能够得以实现，在很大程度上则要感谢摩尔定律。虽然最近几年集成电路的绝对性能很难再按照摩尔定律所预测的速率增长，但是单位能耗的性能依然在快速提高。

篇结束语

通过对人工智能本质的分析以及对其发展历程的回顾，我们可以看出计算机获得智能的方式和人不一样。它并非通过模仿人的思维方式产生，而是建立在大数据、摩尔定律和数学模型基础之上，通过将过去需要由人类智力才能解决的问题变成计算问题，最后在效果上达到人的水平甚至超越人的水平。我们人类的智能活动，包括思考和推理，时常并不需要很多数据，也不需要大脑有很强的计算能力，甚至不需要像计算机那样消耗较高的能量。因此，直到今天，人的智能和机器智能还是各有擅长、各有千秋，全面比较二者孰优孰劣其实没有意义。但是，我们必须看到，人类的智力是有极限的，今天在很多方面人工智能已经超过了人类。这不仅是在下棋方面，也体现在人脸识别、医学影像识别等很多方面，关于这一点我们后面还会讲到。

在人工智能的发展过程中，人类是走了弯路的，主要是一开始对机器智能的本质理解得不清楚，试图通过简单地模仿人让计算机获得智能，这就如同早期研究飞行的人总免不了要让飞行器像鸟一样振动翅膀。因此，直到 20 世纪 60 年代末，人工智能的发展不仅很缓慢，而且对今天人工智能的发展其实没有太直接的影响。人类找到人工智能正确的发展道路是20世纪70年代之后，通过数据驱动的方法，人类逐步解决了不少带有智能性质的问题。但是，由于数据量有限，计算能力不够，因此到了90年代，人工智能的发展又陷入第二个低谷。所幸的是，人类所选择的道路是正确的，因此当数据量和计算能力具备之后，人工智能显示出了巨大的生命力。可以讲，人工智能有了今天的成就，除了技术的成功之外，也是思维方式的胜利。因此在下一篇中，我们会重点讲述思维革命的重要性，以及大数据和人工智能的发展对我们思维方式的影响。大家会发现，在未来智能革命的时代，比掌握具体智能技术更重要的是改变思维方式。

人工智能发展到今天，它的作用已经被领域内外大多数人认可。但是人们对它也出现了另一个方面的误判，就是过分夸大它的能力或者危害。实际上，人工智能依然处在技术革命的早期阶段，里面还有很多问题没有搞清楚。以深度学习为例，为什么当神经网络的层次不断加深之后，机器学习的效果就好，至今无人能解释清楚。这其实是一个很基本的问题，但是依然没有答案。因此在人工智能领域，人类还有很长的路要走。

第二篇
思维的革命和商业的变革

在第一篇，我们分析了大数据和机器智能的原理和基础。在本篇，我们从另一个维度来看大数据和智能革命对当下和未来商业以及生活的影响。在历史上，重大的变革都和思维的革命相伴随，从人的角度看，改变思维的人获胜；从商业的角度看，改变商业模式的企业获胜。智能革命也是如此，它正在潜移默化地改变着人们的思维方式和做事方法，而我们除了在思维上跟上时代的步伐，别无他法。

04

思维的革命

在无法确定因果关系时，数据为我们提供了解决问题的新方法，数据中所包含的信息可以帮助我们消除不确定性，而数据之间的相关性在某种程度上可以取代原来的因果关系，帮助我们得到想知道的答案，这便是大数据思维的核心。

大数据和机器智能的革命将导致计算机在越来越多的领域超越人类，并最终让我们的社会发生天翻地覆的变化。如果说 2016 年在本书第一版出版时大家对此还有疑问，今天我们每个人都切身感受到这些技术给我们的生活所带来的巨大变化。在人类历史上，科学和技术的革命是和思维的革命相伴随的。在任何时刻，特别是在变革之中，掌握最先进思维方式的人最能适应社会的发展，也最能把握发展的机会。

大数据本身不仅是一种新技术，也是一种全新的思维方式。接受了新的大数据思维，调整做事的方法，能够让我们在不断改变，而且充满不确定性的今天把握住机会，立于不败之地。虽然有些希望速成的读者认为我们没有必要把篇幅花在那些历史性的知识和结论上，但是如果我们要想在“道”的层面了解大数据，了解我们这个时代必须具备的思维方式，就不能将自己的追求仅仅停留在“术”的层面。我们需要了解人类认识世界方法的演变和发展过程。

从科学意义上讲，人类有两次思维方式的飞跃：第一次是从 17

世纪到 18 世纪初机械思维的确立；第二次则是 20 世纪上半叶人类对不确定性的认识，它的科学基础则是量子力学、信息论和控制论。

今天说起机械思维，很多人马上想到的是死板、僵化，觉得非常落伍，甚至“机械”本身都算不上什么好词。但是在两个世纪之前，这可是一个时髦词，就如同今天我们说“互联网思维”“大数据思维”一样。可以毫不夸张地讲，在过去的三个多世纪里，机械思维可以算得上是人类总结出的最重要的思维方式，也是现代文明的基础。今天，很多人的行为方式和思维方式其实依然没有摆脱机械思维，尽管他们嘴上谈论的是更时髦的概念。那么，机械思维是如何产生的？为什么它的影响力能够延伸至今？它和我们将要讨论的大数据思维又有什么关联和本质区别呢？我们不妨把目光投向 2 000 年前。

思维方式决定科学成就

机械思维最明显的特征是确定性和可预测性，它的形成可以追溯至古希腊。欧洲之所以能够在科学上领先于世界其他地方，在很大程度上是依靠从古希腊建立起来的思辨思想和逻辑推理能力，依靠它们可以从实践中总结出最基本的公理，然后通过因果逻辑构建起整个科学的大厦。其中最具代表性的是欧几里得的几何学和托勒密的地心说。

欧几里得的几何学

欧几里得最大的成就不是发现了那些几何定理，而是在人类所积累起来的几何学和数学知识的基础上，创立了基于公理化体系的几何学。人类几何学的知识，在欧几里得之前就已经积累了几千年，比如在古埃及、美索不达米亚和古代中国的文明中，人们就已经知道勾股定律。但是当时世界上其他任何文明都没有建立起公理化体系的知识结构，因此对世界的了解免不了支离破碎。在欧几里得公理化的几何学中，他首先总结出5条简单得不能再简单而且相互独立的公理[①]，也就是说任何一条公理都无法从另外4条中推导出来，而且这5条公理本身是不证自明的。接下来几何学的一切定理都由定义和简单得无法证明的5条公理直接（仅以公理和定义为前提）或者间接地（除了公理和定义，还可以使用已经证明的定理）演绎得出。

欧几里得将他的公理化体系几何学写成了一本书，名为《几何原本》，这也是对世界影响力最大的一本书。欧几里得的这种基于逻辑推理的公理化体系不仅为几何学、数学和自然科学后来的发展奠定了基础，而且对西方人的整个思维方法都有极大的影响。甚至在法学界，整个罗马法都是建立在类似于欧几里得公理化体系的基础上的，当然罗马法里面的公理不是几何学的，而是自然法[②]——所有的法律都可以从自然法中演绎出来。

---

① 具体内容参见本章附录。

② 关于古希腊科学和罗马法的更详细内容，读者朋友可以参阅拙著《文明之光》第一册。

托勒密的方法论

在欧几里得之后大约 5 个世纪，古希腊罗马时代最伟大的天文学家托勒密将欧几里得的这种方法论应用到天文学上，建立起一套完整、严格而且相当精确的描述天体运动规律的理论体系，即地心说。除了地心说，托勒密的贡献还包括：发明了球坐标（我们今天还在用），定义了包括赤道和零度经线在内的经纬线（今天的地图就是这么画的），提出了黄道，发明了弧度制，等等。这些贡献随便拎出一条，都足以让托勒密名垂青史。因此，可以毫不夸张地讲，托勒密是近代之前当之无愧的最伟大的天文学家，没有之一。

和欧几里得一样，托勒密不仅是一个构建大系统的人，也是一个善于总结方法论的人。托勒密的方法论可以被概括为“通过观察获得数学模型的雏形，然后利用数据来细化模型”。托勒密的成就首先得益于过去上百年来的天文观察数据，其次受益于欧几里得和毕达哥拉斯的学说。托勒密将各种天文现象的共性，用最基本的、无法再简化的元模型（meta model）来描述。至于元模型应该是什么，托勒密认为是圆，因为毕达哥拉斯说圆是最完美的图形。托勒密仅仅通过圆这种曲线，以及不同大小的圆相互嵌套，就把当时人们所知的天体运动的规律描述得清清楚楚。至于他提出的为什么是地心说而不是日心说，原因很简单，因为这最符合人们看到的现象——日月星辰都是从东边升起，西边落下（见图 4–1）。

托勒密的思想影响了西方世界 1 000 多年，这倒不完全是因为他

图 4–1　托勒密的地心说模型

的地心说，而是他这种思维方式和方法论。事实上后来的哥白尼和伽利略虽然在天文学上的成就超越了托勒密，但是在方法论上依然没有摆脱托勒密的思维方式，尽管这两个人相信日心说。哥白尼只是发现如果把托勒密坐标系的中心从地球移到太阳，就可以让天体运动的模型简单一些，但是他依然需要采用托勒密多个圆相互嵌套的模型。伽利略在科学上比哥白尼进步了很多，事实上真正让人们相信日心说的是伽利略，而不是哥白尼（或者布鲁诺）。[①] 但是，即便是伽利略，其研究方法和托勒密也如出一辙。

应该讲，托勒密等人的方法虽然很朴素，但是很管用，直到今

① 伽利略发现木星的 4 颗卫星后，告诉人们在地球以外的天体也可以成为一个中心，这才否认了地球的独特性，进而让人们相信日心说。

天，我们在做事情的时候还是会首先想到这种方法，比如几乎所有经济学家的理论，都是按照这种方法提出来的。如果我们把他们的方法论做一个简单的概括，其核心思想有两点：首先，需要有一个简单的元模型，这个模型可能是假设出来的，然后再用这个元模型构建复杂的模型；其次，整个模型要和历史数据相吻合。今天经济学的研究所做的事情，通常就是提出一个新模型，然后用历史数据验证，其核心思想和托勒密的方法论是一致的。

相比古希腊和文艺复兴后的欧洲，东方文明虽然在技术上并不落后，但是在科学体系的建立上远远落后于西方，关键原因是输在方法论上。

不过，托勒密的方法论有两大缺陷。一个缺陷是整体模型很复杂。原因是元模型用了再简单不过的圆，这么复杂的模型依靠手工计算就难以准确。不过托勒密的这种方法论在今天机器学习领域倒是很常见，比如，训练 AlphaGo 所用的谷歌大脑，就是简单的人工神经网络在几万台服务器上复杂的实现。托勒密方法论的另一个缺陷是致命的，那就是确定性假设。它假定模型一旦产生，就是确定的和不会改变的。关于确定性正确与否我们后面再讨论，但是固定不变这一条显然不符合我们世界的运动规律，也禁锢了人们的思想。

托勒密的地心说模型和过去的数据吻合得天衣无缝，但是它对未来的预测还是有微小误差的，而这个误差无法被修正，因为模型被定死在那里了。结果这个细微却无法修正的误差（如第一章提到的），在积累了上千年之后，就变得极为明显了，一年就要差出 10 天时间。

当然这些瑕疵无损托勒密的伟大。

在古希腊和古罗马以后，人类对自然界的认识进步非常缓慢，西方进入了中世纪的黑暗时代。东方的中国和印度在工程和技术上不断进步，但是既没有形成科学体系，也没有在方法论方面做出太多的贡献。阿拉伯帝国一度是世界科学的中心，也孕育出一些原始的科学体系，但是后来随着蒙古人的入侵文明中断。因此，在长达近千年的时间里，相比托勒密时代，人类在方法论上没有什么进步。最终，发展科学方法的任务留给了笛卡儿（René Descartes，1596—1650）和牛顿（Isaac Newton，1642—1726）。笛卡儿通过总结近代医学奠基人哈维（William Harvey，1578—1657）的工作，提出了科学的方法论，其核心思想是大胆假设，小心求证。这个方法论在我们今天的工作中还在使用。此外，笛卡儿发明了解析几何学，为后来的微积分奠定了基础。不过对近代社会思想贡献最大的还是著名科学家和思想家牛顿。

牛顿的贡献

西方人对牛顿评价之高是中国人难以想象的。牛顿去世后被葬在威斯敏斯特教堂（又称为西敏寺）里最显眼的地方，其墓碑建筑远远超过包括伊丽莎白一世在内的英国任何一位君主，每天到那里拜谒的人不计其数。在大部分中国人看来，牛顿不过是一个科学家，而且他的理论今天看起来也颇为简单，为什么会如此受敬重呢？因为在欧美人看来，牛顿不仅是一位杰出的科学家，而且是人类历史上最重要的思想家之一。

牛顿甚至被美国一些历史学家认为是人类历史上具有影响力的第二大人物，不仅排在爱因斯坦（Albert Einstein，1879—1955）等所有科学家之前，而且超过了耶稣和孔子。牛顿通过他在数学、物理学、天文学和光学等诸多领域开创性的成绩，总结出一种全新的方法论，不仅开创了科学的时代、理性的时代，而且开启了西方的近代社会。

牛顿最直接的贡献，在于他用简单而优美的数学公式破解了自然之谜。牛顿在他的巨著《自然哲学的数学原理》（简称《原理》）一书中，用几个简明的公式（力学三定律和万有引力定律）破解了宇宙中万物运动的规律，用微积分的概念把数学从静止的变量拓展为连续变化函数（见图 4–2）。而在他之前，人们是静止地看待世界，孤立地看待一个个具体问题的。可以讲，牛顿突破了古希腊思维方式中那种固定不变的定式思维。

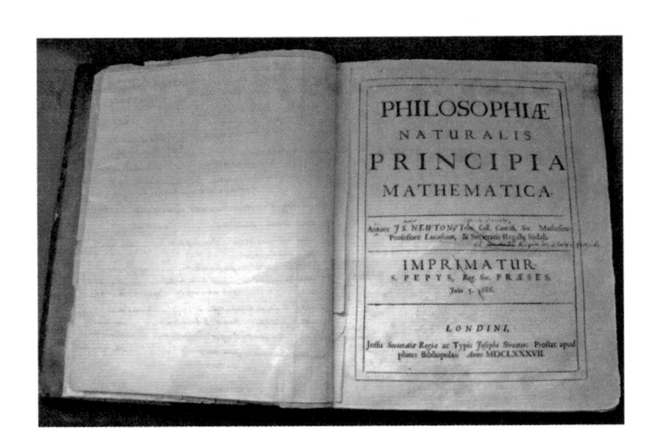

图 4–2　牛顿自己的第一版《原理》一书，上面的笔记是在第十二版修订时做的（现保存于伦敦剑桥大学三一学院）

牛顿通过自己的伟大成就宣告了科学时代的来临。作为思想家，他强调变化，而且他让人们相信世界万物的运动变化规律是可以被认识的。他告诉人们：世界万物是运动的，而且这些运动遵循着确定性的规律，这些规律又是可以被认识的。在牛顿那个时代，英国有一大批杰出的科学家，包括波义耳（Robert Boyle，1627—1691）、胡克（Robert Hooke，1635—1703）和哈雷（Edmond Halley，1656—1742）等人，他们和牛顿一样，对世界的规律有这样的信心，而他们每一天的工作就是发现这些规律。牛顿等人用自己的发现，给人类带来了从未有过的自信。在牛顿之前，人类对自己能否认识自然是缺乏信心的，那些我们今天看似不需要解释的自然现象，比如苹果为什么会落地，日月星辰为什么升起又落下，在当时是无法被人们认识的，因此人类对自然恐惧而迷信。直到牛顿这一批人出现，人们才开始摆脱在大自然面前被动的状态，能够主动地应用科学来把握未来。可以讲，他们一同确立了机械论，而“机械论”这个词，实际上就是当时的物理学家波义耳发明的。在人类的认知过程中，机械论或者说机械思维的确立具有划时代的意义。

机械思维的本质

作为思想家，牛顿还告诉世人，任何正确的理论从形式上讲都是简单的，从适用范围上讲是通用的、无条件的。一个被验证的理论，你可以在任何符合条件的地方使用，都能得到正确的结论。同时代的大科学家哈雷利用牛顿提出的原理，计算出了一颗彗星围绕太阳运转的周期，以及彗星每一次造访地球的时间是 75~76 年。虽然哈雷自己没有等到彗星再回来的那一天，但是这颗彗星后来正如他所预言的时间回来了，于是人们就用他的名字把这颗彗星命名为“哈雷彗星”。后人利用牛顿的理论，能够精确地预测出 1 000 年后出现日食和月食的时间，这在过去是无法想象的，同时也让确定性这个词深深地印入了人类的思想中。

“形式上简单”的原则，后来被认为是科学领域的铁律。不仅牛顿自己所发现的物理学的定律和数学微积分的定理，可以用非常简单的公式描述出来，后来主要的科学理论都具有这个特点。在牛顿之后，英国的焦耳（James Prescott Joule，1818—1889）也通过一个简单的公式描述了能量守恒原理，而他们的另一位同胞麦克斯韦（James Clerk Maxwell，1831—1879）则通过几个简单的方程式描述了我们看不见、摸不着的电磁世界。到了近代，爱因斯坦也仅仅用了几个公式就构建出庞大的物理学新体系，而沃森（James Dewey Watson）和克里克（Francis Harry Compton Crick，1916—2004）获得诺贝尔奖的那篇关于 DNA 双螺旋的论文，不过是一页纸而已。正是因为这些科学原理具有非常简单的形式，才使得它们很容易地被应用到发明中。

机械论最后一个显著特点就是强调世界的连续性，忽视了不连续性。这一点不论是倾向于唯物论的牛顿，还是坚持唯心论的贝克莱（George Berkeley，1685—1753）都是赞同的。这种认识在当时并没有什么问题，因为一方面当时人们认识的世界不足够小，也不足够大，看不到不连续性；另一方面，世界变化也比较慢，跳跃变化并非常态。而今天我们很多时候做事情就不能不考虑不连续性带来的影响，这一点后面会讲到。

从欧几里得到托勒密再到牛顿，在思想方法上可以说是一脉相承而又不断发展的。牛顿不仅把欧几里得通过逻辑推理建立起一个科学体系的方法论从数学扩展到自然科学领域，而且把托勒密用机械运动模型描述天体的规律，扩展到对世界任何规律的描述。此外，他还通过微积分这个工具动态地看待问题，而此前人们是孤立、静态地看待不同的问题。如果我们用几句话把机械思维加以概括，其核心思想如下：

第一，世界是连续变化的，而各种变化的规律是确定的。

第二，因为有确定性做保障，因此规律不仅是可以被认识的，而且可以用简单的公式或者语言描述清楚。在牛顿之前，大部分人并不认可这一点，而是简单地把规律归结为神的作用。

第三，这些规律应该是放之四海而皆准的，可以应用到各种未知领域指导实践，这种认识是在牛顿之后才有的。

这些其实是机械思维中积极的本质，而在这种思维的指导下，人类历史上最激动人心的时刻开始了。

工业革命：机械思维的结果

机械思维直接带来工业大发明的时代，工业革命是人类历史上最了不起的事件。

虽然牛顿本人曾经利用光学原理发明了牛顿天文望远镜，并且因此当选为英国皇家学会会员，但是在他生活的那个年代，科学和技术没有太多必然的联系。第一个自觉应用牛顿力学原理做出重大发明的是伟大的发明家瓦特（James Watt，1736—1819）。

瓦特的万用蒸汽机

我们常说瓦特发明了蒸汽机，其实蒸汽机在瓦特之前就有了，更准确的说法应该是瓦特改进了蒸汽机，或者说瓦特发明了一种万用蒸汽机。在 18 世纪初，英国的一些矿井使用的是非常笨拙、适用性差、效率低下的纽卡门蒸汽机。虽然纽卡门蒸汽机有诸多明显的缺点，但是在半个世纪里都没有人能够改进它。这不是因为工匠们不想改进，而是他们不知道该怎样改进。在牛顿和瓦特之前，一项技术的进步需要非常长的时间来积累经验，或者用今天的话讲，就是获得数据、信息和知识的过程常常要持续经过很多代人。

瓦特和他之前的工匠都不同，他是主动使用科学原理直接改进蒸汽机，而不是靠长期经验的积累。虽然很多励志读物把瓦特描写成没有上过大学的人，但是其实他系统地学习过大学物理的课程和高等数学的很多内容。瓦特从 20 岁出头就在格拉斯哥大学工作，利用工作之便，他在那里听了力学、数学和物理学的课程，并与教授们讨论理论和技术问题。瓦特改进蒸汽机的大部分理论工作都是在这所大学里完成的。后来瓦特离开了大学，和工厂主博尔顿（Matthew Boulton，1728—1809）一起专心发明适合各种场合的新的蒸汽机，因此瓦特蒸汽机也被称为万用蒸汽机。

在瓦特之前的蒸汽机是为特定目的设计和制造的，很难从一个厂矿拆下来用于其他地方。瓦特蒸汽机的通用性则要好很多，同一种蒸汽机可以卖到不同的工厂。这也是机械思维的重要特征——所有问题有一个通用的解决方法。瓦特的合伙人博尔顿对通用性的重要性有着先见之明，他明确地指出，他和瓦特所做的事情是为工业提供动力，而不是简简单单地发明一种机器。

正是因为瓦特蒸汽机的这个特性，才使得工业革命后有了“现有产业＋蒸汽机＝新产业”的模式。博尔顿和瓦特在月光社[①]的朋友、后来的瓷器大王韦奇伍德（Josiah Wedgwood，1730—1795），将瓦特蒸汽机用于瓷器的制造，这是世界上第一个采用蒸汽机动力的行业。蒸汽机的使用，使得在全世界1 000多年里供不应求的瓷器，从此出现了供大于求的情况。在此之后，工业革命导致全世界财富量迅速增长。后人这样评价牛顿和瓦特这两位英国的杰出人物：牛顿找到了开启工业革命大门的钥匙，而瓦特拿着这把钥匙开启了工业革命的大门。

开启工业革命

瓦特的成功不仅是技术的胜利，更重要的是他掌握了新的方法

① 月光社是当时在英国伯明翰的一个小的学术圈，成员包括博尔顿、老达尔文（查尔斯·达尔文的爷爷）、瓦特、韦奇伍德、约瑟夫·普利斯特里（Joseph Priestley，发现了氧气助燃原理）等，以及通信会员法国的拉瓦锡、美国的富兰克林和杰斐逊。月光社对整个欧美的工业革命产生了巨大的影响，18世纪英国的名人传记中或多或少都会提到月光社。

论——机械思维。在瓦特之后，机械思维在欧洲开始普及，工匠们发明了解决各种问题的机械。19 世纪初，英国技师斯蒂芬森（George Stephenson，1781—1848）利用机械发明了火车，并且在 1825 年实现了英国斯托克顿和达灵顿之间的铁路连接，从此人类之间的距离开始大大地缩短。1843 年，英国发明家查尔斯 · 瑟伯（Charles Thurber，1803—1886）第一次用机械的方式实现了替代手写字的转轮打字机，从此几千年来人类通过书写来记录文明的方式，被一种机械运动取代了。在工业革命前夕，机械思维从英国传到了大西洋彼岸的美国，一位毫无工作经验的耶鲁大学机械学毕业生伊莱 · 惠特尼（Eli Whitney，1765—1825），利用自己学习到的物理学知识和机械原理发明了轧棉机，把过去要用手工技巧摘除棉花里的棉籽的工作交给了机器来完成。轧棉机使得摘棉籽的效率提高了 50 倍以上，并因此彻底改变了美国南方种植园经济，间接地导致了后来的美国南北战争。和惠特尼同年出生的美国发明家罗伯特 · 富尔顿（Robert Fulton，1765—1815）年轻时因为受到了瓦特的鼓励，由画家改行学习工程，后来发明了使用机械动力取代风力的蒸汽船，为全球自由贸易时代的到来做好了准备。

机械的广泛使用和机械的思维方式直接导致了人类迄今为止最伟大的事件——工业革命。在工业革命之前的 2 000 年里，世界各地人们的生活水平其实没有太大的提高。已故著名历史学家安格斯 · 麦迪森（Angus Maddison，1926—2010）对全球各个文明在不同历史时期所做的经济学研究发现，世界人均财富从公元元年左右到 18 世纪工业革命前是没有提高的。[①] 但是，到了工业革命之后，情况就大不相同了。马克思在《共产党宣言》中讲过："资产阶级在它的不到一百年的阶级统治中所创造的生产力，比过去一切世代创造的全部生产力还要多，还要大。"相比工业革命，任何王侯将相所谓的丰功伟绩都显得微不足道。

工业革命带来的不仅是财富，也大大延长了人类的寿命。在工业革命之前，无论是欧洲、东亚还是印度，人均寿命都在 30~40 岁之间徘徊，因此古人才会有"人生七十古来稀"之叹。而在 1 800 年之后，世界各国的人均寿命都先后翻了一番（见图 4–3）。由此可见，一种新的思维方式对人类文明进步的重要性。

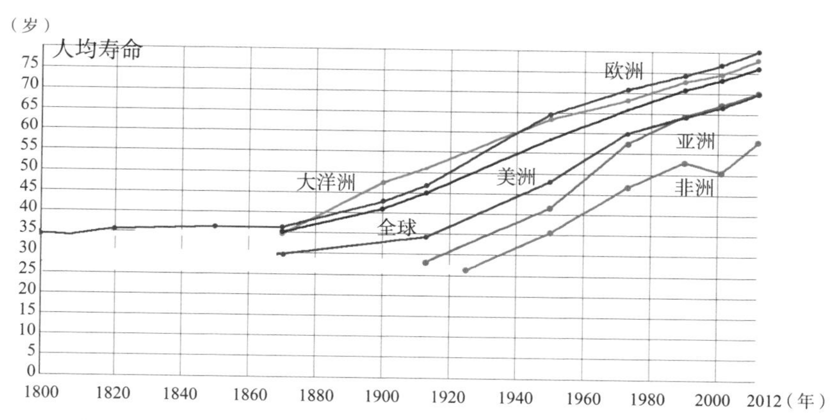

图 4–3 世界各地区人均寿命在当地开始工业革命之后大幅提高

数据来源：联合国人类发展指数（UN's Human Development Index）

机械思维对世界的影响力并没有随着工业革命的结束而结束，从

① 详见本书第九章。

牛顿时代开始接下来的三个世纪里，人类越来越习惯于用机械的方式描述一切，这就如同在托勒密的时代人们习惯于把一切运动归结为圆周运动一样。机械思维从此渗透到社会生活的方方面面，人们相信能够用机械解决一切问题，包括很多过去无法解决的问题。

瑞士的能工巧匠将机械的威力发挥到了极致。他们制造的那些精致而昂贵的机械表不仅可以指示时间，而且可以准确地预测上百年的太阳历、阴历和主要星辰的运动，甚至可以通过机械振动演奏音乐。

不仅时间、音乐与机械挂上了钩，计算也可以用机械来实现。在 19 世纪中叶，发明家巴贝奇用机械实现了复杂的差分计算（见图 4–4）。虽然后来他试图建造更复杂的差分计算机的努力失败了，但那其实不是他的想法行不通，只是当时齿轮的加工水平达不到要求。今天人们用巴贝奇留下的图纸，造出了非常复杂的能够工作的差分计算机。巴贝奇去世的 70 年后，即 20 世纪 30 年代，德国计算机科学家和机械师楚泽则用机械实现了制造人类第一台可编程的计算机 Z1。在当时人们的眼里，世界上任何事情都可以用机械来实现，只是时间早晚而已。

从牛顿到爱因斯坦

机械思维更广泛的影响力是作为一种准则指导人们的行为，其核心思想可以概括成确定性（或者可预测性）和因果关系。牛顿可以把

图 4–4　巴贝奇的差分机复制品（现藏于硅谷计算机博物馆）

所有天体运动的规律用几个定律讲清楚，并且应用到任何场合都是正确的，这就是确定性。类似地，当我们给物体施加一个外力时，它就获得了一个加速度，而加速度的大小取决于外力和物体本身的质量，这是一种因果关系。没有这些确定性和因果关系，我们就无法认识世界。

在 19 世纪，机械思维是一个非常前沿的词，人们喜欢用这个词表示自己对近代科技的了解和所具有的理性精神。在客观上，机械思维也确实促进了世界近代化，乃至现代化的过程。它导致了很多重大的发明和发现，比如爱因斯坦相对论的提出，也促进了一些现代科学的诞生，比如现代医药学。

要理解机械思维深远的影响力，就必须谈谈爱因斯坦。大家都知道，爱因斯坦是现代物理学的集大成者，他不仅在物理学上突破了牛顿理论，而且在物理学几乎每个领域都有所建树。但是他的思维方式其实和牛顿是一致的。牛顿的物理学理论是建立在确定性基础，即所谓的绝对时空[①]之上的。牛顿发现万有引力定律是寻找因果关系的结果，他发现行星围绕太阳运动这个结果，然后找到了万有引力这个原因。爱因斯坦的研究方式是类似的，他的理论也是建立在一种确定性——光速恒定的基础之上的，基于这种假设，利用逻辑推理，就可以推导出整个狭义相对论。就连爱因斯坦自己也说，如果不是他，也会有人在很短的时间内发现狭义相对论，因为狭义相对论就是光速恒定的必然结果。类似地，如果将重力和加速度等价起来，利用因果逻辑，就能推导出广义相对论（见图 4–5）。爱因斯坦的相对论在形式上和牛顿力学也有相似之处，简单而美妙，几个公式就把整个理论描述清楚了。

至于牛顿和爱因斯坦能找到这些因果关系的原因，除了拥有过人的智慧之外，他们的运气还特别好，或者说都曾有过灵光一闪的灵感。如果说牛顿被苹果砸了一下的说法是伏尔泰杜撰出来的，并不靠谱，那么爱因斯坦从白日梦中获得另类想法搞清楚了广义相对论却是一件真实的事情。当年，爱因斯坦在瑞士专利局无所事事时，坐在窗

---

① 绝对时空，即时间和空间本身不随运动变化。

图 4–5　和牛顿万有引力原理不同的是，爱因斯坦在广义相对论中用引力场解释引力现象

前看着外面明媚的阳光，想着有人在窗外坐着椅子从天上加速而下的怪事，从此想清楚了重力和加速度的联系，发现了广义相对论。这个例子说明，人类找到真正的因果关系是一件很难的事情，里面运气的成分很大，因此机械思维在认识世界时还是有很多局限性的。

当然，机械思维的局限性更多来源于它否认不确定性和不可知性。爱因斯坦有句名言，“上帝从不掷色子”，这是他在和量子力学的发明人玻尔（Niels Henrik David Bohr，1885—1962）等人争论时讲的话。今天我们知道，在这场争论中，玻尔等人是正确的，爱因斯坦错了，上帝也掷色子。著名物理学家张首晟教授喜欢用三个公式概括人类最高的文明成就：

爱因斯坦的质能转换公式：$E=mc^2$

量子力学中的“测不准原理”：$\Delta t \cdot \Delta p > \varepsilon$

熵的定义：$H=-\sum_i P_i \log P_i$

张教授把玻尔和爱因斯坦的公式同时放上去了，反映出机械思维的两面性，即善于把握确定性而难以解决不确定性问题。

张首晟教授也让我给出三个公式。有两个公式我们是不约而同想到的，即质能转换和熵的定义。但是和张首晟教授略有不同的是，我用一个更简单、更基本的公式“1+1=2”取代了“测不准原理”。张首晟教授是著名的物理学家，他喜欢物理学的原理，而我对数学更感兴趣，给出了这个最为朴素的公式。因为它不仅是整个数学的基础，而且概括了因果逻辑，从大前提和小前提，一定能够得到确定的结论。反过来看，要想让结果被人们接受，就必须知道原因，这是从笛卡儿开始总结出科学方法以来全世界科学家都必须遵守的原则。利用这个方法论，在二战之前，人类可谓是无往不利，世界上许多发明就是在这样的方法论下产生的。在这些发明中，青霉素的发明不仅非常重要，而且极具代表性。

青霉素的发明

青霉素对人类的重要性无须多言，它不仅仅是一种抗生素，能够杀菌治病，而且在很大程度上消除了人类对疾病的恐惧，从此不必生活在对疾病的恐惧中。在青霉素被发明和使用之前，不论是东方人还是西方人，一旦得了病，能否治好很大程度上都只有听天由命。我们今天无法想象天天生活在对疾病和死亡的恐惧中是怎样的感觉，但是半个多世纪前，人类就是生活在对未来不确定的阴影中。青霉素改变了这一切，因此它的发明过程被无数文学作品过度地渲染也就不足为奇了。

对青霉素最戏剧化的渲染就是将青霉素的发明过程归结为：英国医生亚历山大·弗莱明（Alexander Fleming，1881—1955）在1928年很幸运地发现霉菌可以杀死细菌，从而发明了这种万灵药。但真实情况要复杂得多，弗莱明的偶然发现仅仅是发明青霉素漫长过程的一个开始而已，其重要性也被远远地夸大了。事实上，弗莱明并不清楚霉菌杀菌的原理，也没有能力浓缩和提炼其中的有效成分。如果仅仅靠他偶然的发现，青霉素的普及不知道要晚多少年。

青霉素真正得以从偶然的发现变成一种万灵药，在很大程度上是科学家自觉应用因果逻辑的结果。在制药这个行业，直到今天，其核心的方法都遵循“研究病理找到真正致病的原因，然后针对这个原因找到解决方案”。世界上最早真正采用科学方法研究青霉素杀菌原理和提炼青霉素的，是霍华德·弗洛里（Howard Florey，1898—1968）和厄恩斯特·钱恩（Ernst Chain，1906—1979）等人。当时已经是1939年，距离弗莱明首次发现青霉素已经过去11年了，而弗莱明本人也已经不再研究青霉素。钱恩和他的同事爱德华·彭利·亚伯拉罕（Edward Penley Abraham，1913—1999）等人找到了青霉素的有效成分——一种被称为青霉烷的物质。青霉烷能够破坏细菌的细胞壁，而人和动物的细胞没有细胞壁，青霉素可以杀死细菌却不会伤害人和动物，这样才算搞清楚了青霉素杀菌的原理。后来根据这个原理，美国麻省理工学院的科学家约翰·希恩（John Sheehan，1915—1992）成功地合成出青霉素，而不再像过去那样需要通过培养霉菌的方法提炼这种药物了。[①] 同时，了解了青霉素的杀菌原理，也有助于科学家搞清楚为什么某些细菌会产生抗药性，[②] 亚伯拉罕等人再应用青霉烷的杀菌原理，发明了头孢类的抗生素等多种新型抗生素，解决了抗药性问题。青霉素和其他抗生素的发明，实际上遵循了“分析找到原因，根据原因得到结果”的思维方式，或者说知其然也知其所以然。这种方法带来的好处是有目共睹的，工业革命后人类寿命的提高都是依靠这种方法。相反，传统医学常常不遵循因果关系，是“不知其所以然”，因此治病的效果也是时好时坏，然后医生们用一些似是而非的语言解释他们其实并没有搞清楚的原因。

从牛顿开始，人类社会的进步在很大程度上得益于机械思维，但是到了信息时代，它的局限性也越来越明显。首先，并非所有的规律都可以用简单的原理描述；其次，像过去那样找到因果关系已经变得非常困难，因为简单的因果关系规律性都被发现了。另外，随着人类对世界认识得越来越清楚，人们发现世界本身存在着很大

① 培养霉菌的方法不仅成本高，而且产量很低。有关青霉素发现和发展过程，可以阅读拙著《全球科技通史》

② 某些细菌会产生一种酶，溶解掉青霉素的有效成分。

的不确定性，并非如过去想象的那样，一切都是可以确定的。因此，在现代社会里，人们开始考虑在承认不确定性的情况下如何取得科学上的突破，或者如何把事情做得更好。这也就导致一种新的方法论的诞生。

世界的不确定性

不确定性在我们的世界里无处不在。我们经常可以看到这样一种怪现象，很多时候专家对未来各种趋势的预测是错的，这在金融领域尤其常见。如果读者有心统计一些经济学家对未来的看法，就会发现这些预测基本上是对错各占一半。这并不是因为他们缺乏专业知识，而是由于不确定性是这个世界的重要特征，以至我们按照传统的方法——机械论的方法难以做出准确的预测。

不确定性有两个主要因素。第一个因素是当我们对这个世界的方方面面了解得越来越细致之后，会发现影响世界的变量其实非常多，已经无法通过简单的办法或者公式算出结果。因此我们宁愿采用一些针对随机事件的方法来处理它们，人为地把它们归为不确定的一类。

我们可以通过下面的例子来理解这种不确定性。如果我们在平整的桌子上掷一次色子，在色子落到桌子上停稳以前，我们一般都认为无法知道到底哪一面朝上、哪一面朝下。但是其实在色子离开手的一瞬间，如果能够知道色子准确的形状和密度分布、出手的力量和旋转的角速度、空气流动的速度，同时我们的计算足够精确，那么我们是能够算出色子的哪个点或者哪个面接触到桌面的。如果我们还知道桌面的弹性系数和色子的弹性系数，以及这两种材质的物理性质等因素，我们就能够算出这个色子弹起来的高度、运动的方向等，最终可以算出它停下来时哪一面朝上。但是，由于这里面很多细节难以准确测量，比如出手的速度和力量，因此考虑了所有因素后计算出来的结果也未必正确。在这种情况下，一般人干脆假定色子每一面朝上的概率都是 1/6。

说到股市走向，各种专家预测的准确性大抵在一半左右，这和掷色子的道理很相似。美国政府和一些研究所公布的各种经济数据多达 2 万个，最好的经济学家一辈子能够研究透的经济指标不到 200 个，即不超过总数的 1%（当然他们认为很多数据并不重要）。有太多的不确定因素是他们考虑不到的，因此他们无法准确预测市场也就不奇怪了。美国各大投资机构出于对利润的考虑，利用计算机尽可能地考虑各种经济数据的影响，但是最终预测的准确性依然在 50% 左右，这是因为人们对这些因素的测量也未必准确。事实上，美国大部分基金的投资回报率并没有市场的平均值高。

不确定性的第二个因素来自客观世界本身，它是宇宙的一个特性。在宏观世界里，行星围绕恒星运动的速度和位置可以计算得很准确，从而我们可以画出它的运动轨迹。但是在微观世界里，电子在围绕原子核做高速运动时，我们不可能同时准确地测定出它在某一时刻的位置和运动速度，当然也就不能描绘出它的运动轨迹了。这并非我们的仪器不够准确，而是因为这是原子本身的特性。在量子力学中有一个“测不准原理”，也就是说，像电子这样的基本粒子的位置的测量误差和动量的测量误差的乘积不可能无限小，这与机械思维所认定的世界的确定性是相违背的。为什么会存在这样的现象呢？因为我们测量活动本身影响了被测量的结果。对于股市上的操作也类似，当有人按照某个理论买卖股票时，其实给股市带来了一个相反的推动力，这导致股市在微观上的走向和理论预测的方向相反。

如果世界充满了不确定性，我们对未来世界的认识是否又回到了牛顿之前的不可知状态？答案是否定的。就拿微观世界的电子运动来说，虽然我们无法确定电子的准确位置和速度，但是能够知道它在一定时间内在核外空间各处出现的概率，因此科学家用一种密度模型来描述电子的运动。在这个模型里，密度大的地方，表明电子在那里出现的机会多；反之，则表明电子出现的机会少。这个模型很像在原子核外有一层密度不等的“云”，因此也被形象地称为“电子云”（见图4–6）。在现实生活中情况也是类似的，一方面，数据量太大超出了我们接受和处理的能力会导致不确定性；另一方面，世界本身就有很多不确定性因素，总之，世界上很多事情是难以用确定的公式或者规则来表示的。

但是，不确定并不等于没有规律可循，它的规律可以用概率模型来描述。在概率论的基础上，香农博士建立起一套完整的理论，将世界的不确定性和信息联系了起来，这就是信息论。信息论不仅仅是通信的理论，也给了人们一种看待世界和处理问题的新思路。

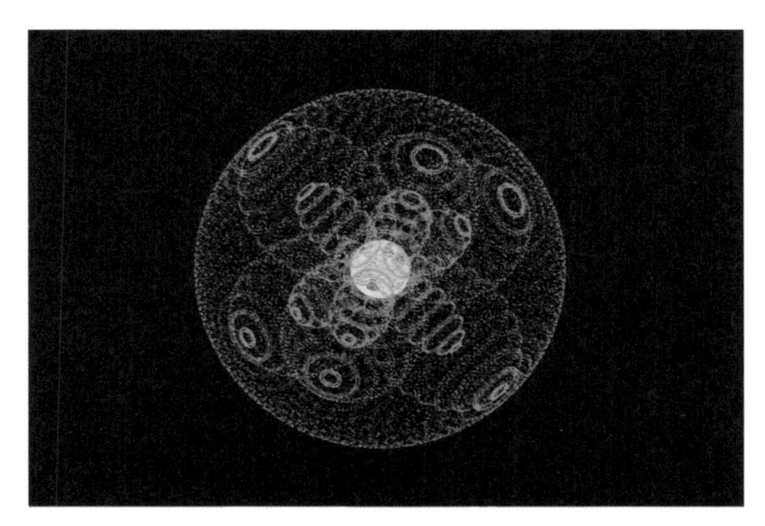

图 4–6　我们无法同时测准电子的位置和动量，只能计算出它们的分布，因此电子就如同散布在原子核之外的云，也被称为“电子云”

熵：一种新的世界观

信息论最初是通信理论。“信息”这个词如今我们每天都能够听到，有时我们会用信息量大、信息量小这类说法，但是到底有多少信息算是信息量大，其实很多人并没有仔细地想过。我们进一步刨根问底，信息是否能够被量化地度量？如果能，又应该怎么度量？大部分人对这个问题并不清楚。当然，脑筋动得快的人会马上想到，既然信息和数据有直接的联系，能否可以用数据量来表示信息量，因为数据量很容易度量。应该讲，数据量有些时候可能和信息量有点关系，但是两者不能画等号。比如，一本 50 多万汉字的《史记》和两本 80 万英文的《圣经 · 旧约》和《圣经 · 新约》，哪一个信息量更大？这似乎不是由篇幅和字数来决定的。再比如，大家都明白，看似大量却不断重复的数据，其实里面的信息量很少。

那么如何度量信息呢？这个问题其实是几千年来很多人想知道却无法回答的问题。直到 1948 年，克劳德 · 香农在他著名的论文《通信的数学理论》（A Mathematic Theory of Communication）中提出了“信息熵”的概念，才解决了对信息的度量问题，并且量化地给出了信息的作用。同时，香农还把信息和世界的不确定性，或者说无序状态联系到了一起。

首先意识到无序状态这个问题的是奥地利物理学家路德维希 · 玻尔兹曼（Ludwig Boltzmann，1844—1906）。他发现一个封闭容器内的微观状态的有序程度，即每个原子的位置和动量，与这个容器内气体的热力学性质有关。在玻尔兹曼之前，制作蒸汽机的工程师已经发现了热力学第二定律[①]，其中鲁道夫 · 克劳修斯（Rudolf Clausius，1822—1888）提出了一种叫作“熵”的概念，用来描述一个系统中趋向于恒温的程度。当这个系统完全达到恒温时，就无法做功了，这时熵最大。但是在玻尔兹曼之前的工程师和科学家都没能解释其中的原因。玻尔兹曼则把熵（宏观特性 E）和封闭系统的无序状态（每一个分子的微观特性 Ω）联系起来，即：

---

① 不可能把热量从低温物体传递到高温物体而不产生其他影响。

$$E = k \log(\Omega)$$

其中 k 被称为玻尔兹曼常数。玻尔兹曼等人还发现，在一个封闭的系统中，熵永远是朝着不断增加的方向发展的。也就是说，从微观上讲，这个系统越来越无序；从宏观上看，它趋于恒温。

香农在信息论中借用了热力学里熵的概念，他用熵来描述一个信息系统的不确定性。接下来香农指出，信息量与不确定性有关：假如我们需要搞清楚一件非常不确定的事或是一无所知的事情，就需要了解大量的信息；相反，如果我们对某件事已经有了较多的了解，那么不需要太多的信息就能把它搞清楚。所以，从这个角度来看可以认为，信息量的度量就等于不确定性的多少，这样香农就把熵和信息量联系起来了。他还指出，要想消除系统内的不确定性，就要引入信息。

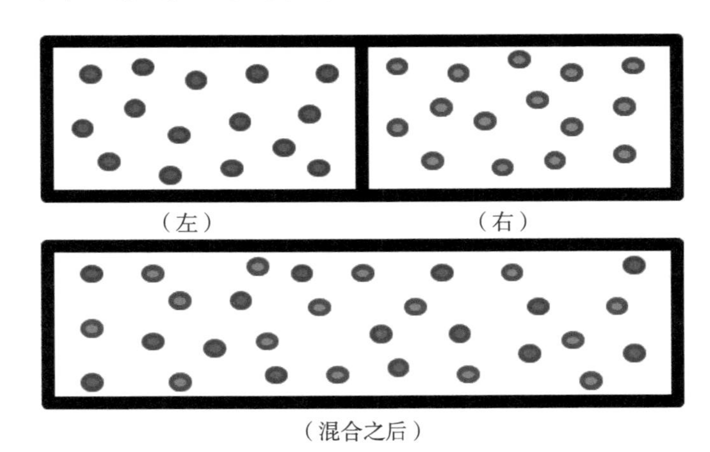

图 4–7　两个容器中，左边的气体温度低，右边的气体温度高，处于一种有序状态，熵的值较低；混合之后，变成无序状态，熵增加

信息论最初是关于通信的理论。人类进入文明社会之后，除了吃饭睡觉之外，大部分时间其实都在做和通信有关的事情。我们在工作中讨论问题、开会、写邮件，平时和家人聊天，闲暇之中看书、读新闻、看电视、看电影，都是某种形式的通信，而通信所传输的是某种信息。在科学上，香农的贡献在于第一次量化地度量信息，并且用数学的方法将通信的原理解释得一清二楚。

信息论在被提出之后，其应用很快便从通信领域拓展到整个科学和工程领域，继而被应用到管理和社会生活的方方面面。今天，它已经是一种方法论。和机械思维截然不同的是，信息论完全是建立在不确定性基础上，而后者则依赖于确定性。信息论指出，要想消除不确定性，就要引入信息，至于要引入多少信息，则要看系统本身有多大的不确定性了。这种思路成为信息时代做事情的根本方法。我们不妨用互联网广告的例子来说明上述原理的作用。

在对用户一无所知的情况下，我们在网页上投放展示广告，点击率非常低，每 1 000 次展示也只能赚不到 0.5 美元的广告费，因为这等于随机猜测用户的需求，很不准确。如果我们有 10 万种广告，只有 10 种与用户相关，那么猜中的可能性就是万分之一，这当然是一个极低的比例。按照过去机械论的想法，那得绞尽脑汁把用户意图变成确定的，但我们今天知道这件事情做不到。

如果用信息论的方法看待这件事，应该怎么办呢？首先我们可以度量出，投放广告的不确定性为 14 比特左右。[1] 接下来看看如何尽可

[1] 关于信息论的基础知识，请读者参阅拙著《数学之美》。

能地利用信息消除一些不确定性。以搜索广告为例，因为有用户输入的关键词，所以多少可以获得一些有用的信息，准确率也会提高。至于提高了多少，就要用关键词所提供的信息量来计算。以汉语的词为表达意思的基本信息单元来衡量，如果一个搜索输入了两个词，每个词平均有两个汉字，那么大约能提供 10~12 比特的信息量，这样虽然还是无法完全清楚用户的意图，但是可以把大部分的不确定性消除。假定展示广告还是从 10 万种广告中猜 10 个，这时搜索广告猜中的可能性就是十几分之一到几分之一，因此读者点击广告的可能性大增。当然这里说的可能性增加并不等于说用户真的就会点击广告购买产品和服务，只是从大量的统计结果看，这个比例会高很多，广告的效果会好很多。在实际情况中，谷歌搜索广告每 1 000 次展示所带来的收入大约是 50 美元，比展示广告高出两个数量级。这就说明了信息的作用。类似地，我们大致计算出，像 Facebook 或者谷歌通过挖掘注册用户的使用习惯，大约能够获得 1~2 比特的信息量，这样就将广告匹配的难度下降了大约一半。事实上，那些与用户相关的展示广告，比完全随机的广告正好产生高一倍左右的广告收入。因此，信息量就和广告收入直接挂上了钩。

这个例子反映出信息时代的特点和方法论：一方面，谁掌握了信息，谁就有可能够获取财富，就如同在工业时代，谁掌握了资本谁就能获取财富一样；另一方面，量化地善用信息才能做到这一点。

用不确定性的眼光看世界，再用信息消除不确定性，不仅能够赚钱，而且能够把很多智能型的问题转化成信息处理的问题。因为世界上一大类看似是人工智能的问题，其实是消除不确定性的问题。比如下象棋，每一种情况都有几种可能，却难以决定最终的选择，这就是不确定性的表现。再比如，要识别一个人脸的图像，实际上可以看成是从有限种可能性中挑出一种，因为全世界的人数是有限的，这也就把识别问题变成了消除不确定性的问题。做过人脸识别的人都知道，人脸识别的难度取决于在多大的范围内找出一个人。按照我们常人对这件事的理解，你要识别张三，只要看几张他的照片即可，和李四、王五无关，为什么范围大了就变难了呢？因为机器识别照片和人不同，它是在做N选一的事情。我们在前面一章里讲到了贾里尼克等人提出的数据驱动方法，其本质就是利用数据消除不确定性。可以讲，从那时开始，人类在机器智能领域的成就，其实就是不断地把各种智能问题转化成消除不确定性的问题，然后再找到能够消除相应不确定性的信息，如此而已。

我们在利用信息时使用的很多原理和方法，在信息论中都能找到根据。比如用信息论中的一个重要概念——互信息（mutual information），可以解释为什么信息的相关性可以帮助我们解决很多问题。很多时候，我们能够获取的信息和要研究的事物并非一回事，它们之间必须“有关联”，所获得的信息才能帮助我们消除不确定性，搞清楚我们想要研究的问题。比如前面提到的王进喜的照片和大庆油田的位置、产量等情报就属于有关联。当然“有关联”这种说法太模糊、不科学，最好能够可量化地度量两件事之间的“有关联”。为此，信息论用互信息的概念实现了对相关性的量化度量。比如通过对大数据文本进行统计就会发现，“央行调整利率”和“股市短期浮动”的互信息很大，这证实了它们之间有非常强的相关性。而“央行调整利率”和“北京机场大量航班晚点”的互信息则接近于零，说明二者没有什么相关性，甚至无关。

香农除了给出对信息和互信息的量化度量之外，还给出了两个相关信息处理和通信的最基本定律，即香农第一定律和香农第二定律。这两个定律对于信息时代的作用堪比牛顿力学定律对机械时代的作用。

香农第一定律，也称为香农信源编码定律，讲的是信息编码效率的问题。它在管理上有一个重要的推论，就是将最好的资源用在出现频率最高的地方，但是也要对很少出现的事情分配一定的资源，以免发生“黑天鹅”事件①。这个原则对人、对事都是如此。

为了便于大家理解这个定律，我们还是先看一个具体的信息编码的例子。假如我们要对汉字编码，现在有两种编码方法。第一种是采用等长度的编码，比如对 3 万个汉字编码，每个汉字都是 15（二进制位，即单位比特）。第二种是根据不同汉字使用的不同频率采用变长编码，常用字的编码做得短些，生僻字的编码做得长些。那么哪种编码平均长度更短，存储和传输的时候更有效呢？第一种编码因为是等长的，编码的平均长度就是 15，而第二种编码的平均长度则要短得

---

① 在 18 世纪欧洲人发现澳大利亚之前，他们所见过的天鹅都是白色的，所以当时的欧洲人认为所有天鹅都是白色的。后来欧洲人在澳大利亚看到了黑天鹅，原来通过对白天鹅无数次观察得到的结论就失效了。因此，从以往数据得到的结论未必能反映未来的小概率事件。在科学方法上，或者在经济学和社会学的研究中，“黑天鹅”隐喻那些极为罕见、在通常的预期之外的事件，它们在发生之前没有前例可以证明，但一旦发生，就会产生极端的影响。

多，就是汉字本身的信息熵，只要一半的长度（9 个比特左右）即可。香农指出，任何信息都存在一种编码方法，使得平均编码长度可以非常接近它的信息熵，但是你不可能找到一个编码方法，让平均编码的长度小于信息熵。这一点也很容易理解，因为编码的长度小于信息熵之后，就无法完全消除不确定性了，一定会有两个不同的信息使用了同一个编码。

香农第一定律不仅是现代通信的基础，也代表了一种新的方法论。首先，它告诉人们你不可能低于成本做事情。其次，要尽量多地采用便宜的资源，尽可能节省贵的资源，这在经济学上被称为吉尔德定律（Gilder's Law），它和香农第一定律的思想从本质上讲是相同的。那么在信息时代什么是便宜的资源呢？由于摩尔定律的作用，计算机是便宜的资源，而且越来越便宜，人力成本则会越来越高，因此聪明的公司懂得利用计算机来取代人的工作。像谷歌或者 Facebook 这样的公司，都是尽可能地将越来越多的事情交给机器去做，而不是雇用很多人。在过去的半个世纪里，生产力的提高实际上就是靠用便宜的机器取代人工，这种做法有意无意地和信息论的原理相符合。当然，也有的企业主不愿意在 IT 方面进行投入而坚持使用人工，因为这种投入在初期看上去显得比人工昂贵，这些企业后来就逐渐地被淘汰了。在未来，首先采用人工智能技术的企业会在总成本上不断下降，坚持使用人工的则会上升，我们后面还会专门介绍。

在信息论中，还有香农第二定律，通俗地讲就是信息的传播速率不可能超过信道的容量，这和我们的现实生活也是契合的。经历了互联网发展全过程的这一代人都有这样一种体会，互联网发展的各个阶段实际上是建立在不断拓宽带宽的基础之上的。早期，我们使用电话调制解调器，然后开始使用 DSL（数字用户线路），再到后来使用宽带电缆，最后到光纤，都是围绕着不断增加信道容量而进行的。只有信道的容量增加了，传输率才能提升，我们才能从阅读文字，到看图片、看视频，再到看高清视频，整个互联网才能得到发展。在香农提出第二定律之后，人类就开始有意识地不断扩展带宽（见图 4–8）。

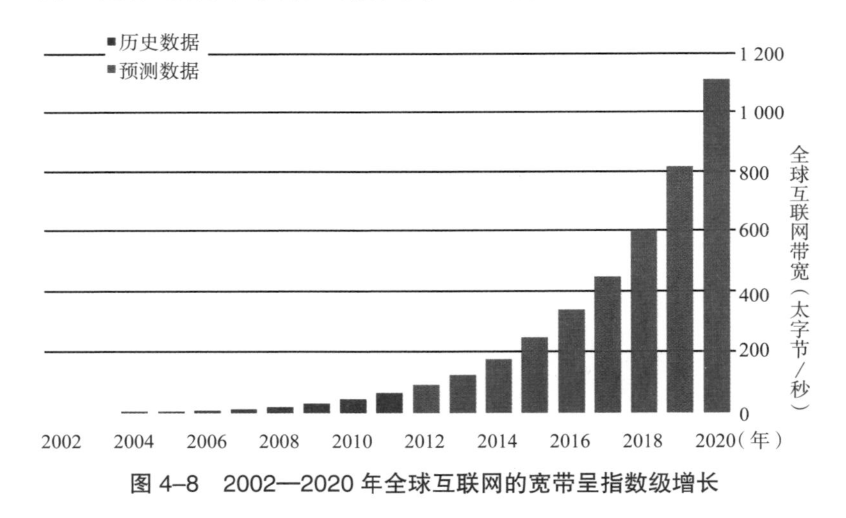

图 4–8　2002—2020 年全球互联网的宽带呈指数级增长

香农第二定律不仅描述了通信领域最根本的规律，而且它是自然界本身固有的规律，能够解释很多商业行为。比如我们常说做生意要靠人脉，其实这个人脉就是人与人交往的带宽。如果人脉不够，发出的信息和获得的信息都有限，生意一定做不大。现代通信手段的本质，就是以相对低廉的成本让人们获得人脉，而媒体行业的不断进步，本质上是不断地在为企业拓宽对外连接的带宽，使得它们做生意越来越方便。

关于信息论，还有一个原理必须了解，那就是最大熵原理。这个原理的大意是说，当我们要对未知的事件寻找一个概率模型时，这个模型应当满足我们所有已经看到的数据，但是对未知的情况不要做任何主观假设。在很多领域，尤其是在金融领域，采用最大熵原理要比任何人为假定的理论更有效，因此它被广泛地用于机器学习。最大熵原理实际上已经不同于我们使用了几百年的“大胆假设、小心求证”的方法论，因为它要求不引入主观假设。当然，不做主观假设的前提是取得了足够多的数据，否则最大熵模型只能给出一些平均值而已，而不能对任何细节进行描述和预测。①

今天，信息论已经被广泛地用于管理，因为它为我们提供了信息时代的方法论。而“熵”这个词，也成了信息论和不确定性的代名词。正因为如此，张首晟教授和我都认为，它代表了人类对我们的世界认知度的最高境界。

用大数据消除不确定性

有了信息论这样一个工具和方法论，我们便很容易认清大数据的本质了，而在认清之前我们必须承认世界的不确定性，只有承认问题

① 读者朋友如果想了解最大熵原理的更多细节，可以阅读拙著《数学之美》。

的存在并且面对问题，才可能解决问题。如果我们一定要用确定性的思维方式对待一个不确定性的世界，只有失败。能够消除不确定性的因素是信息，而最容易获得信息的手段是使用数据。至于为什么大数据的出现能够解决那些智能问题，是因为很多智能问题从根本上来讲就是消除不确定性的问题。理解了这个原则，我们就容易理解前面提到的大数据的三大特征——数据量大、多维度和完备性——为什么重要了。

首先，谈谈数据量的问题。它的重要性体现在两个方面。第一，数据量如果不够，信息总量一定不足，即使使用了数据，也依然不足以消除不确定性，这时使用数据会有作用，但是作用有限。当一个因素作用有限时，人们常常会忽视它。第二，数据本身会有随机性，会有噪声，通过少量数据得到的结果置信度[①]不可能高。就如同一个完全对称的色子，掷上 6 次，并不能保证各个面都有一次朝上。如果五点出现两次，两点没有出现，我们并不能得出五点出现的概率就比两点高。只有当数据量足够大时，掷色子的随机性才会被抹平，即各个面朝上的概率均等的信息才会被获得。由于数据量很重要，因此在哪个领域先积攒下足够多的数据，它的研究就能进展得更快，其成就也就更容易看得到。具体到机器智能方面，语音识别是最早获得比较多数据的领域，因此数据驱动的方法从这个领域产生也就不足为奇了。

其次，大数据中多维度的重要性问题，我们也可以从两个角度

① 置信度是统计学中的概念，可以帮助衡量一个信息是否可靠。

来看待。第一个视角是前面提及的“互信息”，为了获得相关性通常需要多个维度的信息。比如我们要统计“央行调整利息”和“股市波动”的相关性，只有历史上央行调整利息一个维度的信息显然是不够的，需要上述两个维度的信息同时出现。第二个视角是所谓的“交叉验证”。我们不妨看一个例子：夏天的时候，如果我们感觉很闷热，就知道可能要下雨了。也就是说，“空气湿度较高”和“24 小时内要下雨”之间的互信息较大。但是，这件事并非很确定，因为有些时候湿度大却没有下雨。不过，如果结合气压信息、云图信息等其他维度的信息，也能验证“24 小时内要下雨”这件事，那么预测的准确性就要大很多。因此，大数据多维度的重要性，也是有信息论做理论基础的。

最后，从信息论的角度来看看数据完备性的重要性。在说明这件事情之前，我们还需要介绍信息论里一个重要的概念——交叉熵。这个概念并非由香农提出，而是由库尔贝克等人提出的，因此在英文里更多地被称为库尔贝克 – 莱布勒距离（Kullback-Leibler Divergence）。它可以反映两个信息源之间的一致性，或者两种概率模型之间的一致性。当两个数据源完全一致时，它们的交叉熵等于零；当它们相差很大时，交叉熵也很大。所有采用数据驱动的方法，建立模型所使用的数据和使用模型的数据之间需要有一致性，也就是盖洛普所讲的代表性，否则这种方法就会失效，而交叉熵就是对这种代表性或者一致性的一种精确的量化度量。

回过头来讲大数据的完备性。在过去，使用任何基于概率统计的模型都会有很多小概率事件覆盖不到，这在过去被认为是数据驱动方法的死穴。很多学科把这种现象称为“黑天鹅”效应。在大数据出来之前，这件事是无法避免的，就连提出数据驱动方法的鼻祖贾里尼克也认为，不论统计数据量多大，都会有漏网的情况。这些漏网的情况反映到交叉熵时，它的值会达到无穷大，也就是说数据驱动方法在这个时候就失效了。

怎样才能防止出现很多漏网的情况呢？这就要求大数据的完备性了。在大数据时代，在某个领域里获得数据的完备性还是可能的。比如在过去，把全国所有人的面孔收集全是一件不可想象的事情，但是今天这件事情完全能做到。具备了数据的完备性，就相当于训练模型的数据集合和使用这个模型的测试集合是同一个集合或者是高度重复的，这样，它们的交叉熵近乎零。这种情况就不会出现覆盖不了很多小概率事件的灾难，这样数据驱动方法才具有普遍性，而不再是时灵时不灵的方法论。

由此可见，大数据的科学基础是信息论，它的本质就是利用信息消除不确定性。虽然人类使用信息由来已久，但是到了大数据时代，量变带来质变，以至人们忽然发现，采用信息论的思维方式可以让过去很多难题迎刃而解。

从因果关系到强相关关系

逻辑推理能力是人类特有的本领，给出原因，我们能够通过逻辑推理得到结果。在过去，我们一直非常强调因果关系，一方面是因为我们常常是先有原因，再有结果；另一方面是因为如果我们找不出原因，常常会觉得结果不是非常可信。比如在过去，现代医学里新药的研制，就是典型的利用因果关系解决问题的例子。

我们在前面讲到的青霉素的发明过程就非常具有代表性，这个过程是一个很长的环环相扣的因果链条。首先，在 19 世纪中期，奥匈帝国的塞麦尔维斯（Ignaz Philipp Semmelweis，1818—1865）①、法国的巴斯德（Louis Pasteur，1822—1895）等人发现微生物细菌会导致很多疾病，因此人们很容易想到杀死细菌就能治好疾病，这就是因果关系。不过，后来弗莱明等人发现，把消毒剂涂抹在伤员伤口上并不管用，因此就要寻找能够在人体内杀菌的物质。最终在 1928 年弗莱明发现了青霉素，但是他不知道青霉素杀菌的原理。而牛津大学的科学家钱恩和亚伯拉罕搞清楚了青霉素中的一种物质——青霉烷能够破坏细菌的细胞壁，才算搞清楚青霉素有效性的原因，青霉素治疗疾病的因果关系也才算完全找到。这时已经是 1943 年，离塞麦尔维斯发现细菌致病已经过去近一个世纪。两年之后，女科学家多萝西·霍奇金（Dorothy Hodgkin，1910—1994）搞清楚了青霉烷的分子结构，并因此获得了诺贝尔奖。霍奇金的发现让麻省理工学院的科学家在 1957 年人工合成出青霉素。②

在整个青霉素的发明过程中，人类就是不断地分析原因，然后寻找答案（结果）。塞麦尔维斯和巴斯德等人的成果是“因”，弗莱

① 塞麦尔维斯是奥匈帝国的医生，在 1847 年发现了细菌是导致很多疾病的原因。

② 在此之前，要靠培养霉菌提炼青霉素。

明的发现是“果”；弗莱明的发现是“因”，钱恩和亚伯拉罕的发现是“果”，当然它又是后来霍奇金发现的“因”。就这样一环套一环最终让人类可以合成出了青霉素。搞清楚因果关系的好处非常多，首先，这样找到的答案非常让人信服。任何人都有这样的体会：对于一件事，当你知其然还知其所以然时，就会对此深信不疑。其次，发现因果关系还可以启发人类做出举一反三的发明。比如，在搞清楚青霉烷的分子结构之后，亚伯拉罕利用这种结构，对抗生素稍作修改，就发明了新的头孢类抗生素。

今天几乎所有新药的研制过程和青霉素都很类似，科学家通常需要分析疾病产生的原因，寻找能够消除这些原因的物质，然后合成新药。这种方法虽然好，但是时间成本和资金成本都极高，更不用说难度巨大。在七八年前，研制一种处方药需要花费 10 年以上的时间，投入 10 亿美元的科研经费，如今，时间和费用成本都进一步提高。一些专家，比如斯坦福大学医学院院长迈纳（Lloyd Minor）教授估计需要 20 年的时间、20 亿美元的投入。这 20 年时间的起点是被发明药品相关的最重要的论文发表的那一刻，而不是早期研究开始的时间，因为最早开始研究的时间不好计算。如果从早期研究算起，时间更长。一款新药最重要专利的有效期，通常是在新药上市之前就开始计算了；等到新药上市，只剩下 7~10 年的专利有效期。[①] 这就不奇

① 虽然美国的专利有效期长达 17 年，并且可以再延长 3 年，但是因为大部分核心专利在药品进行实验时已经申请，中间有非常长的各种实验过程。等到药品上市，剩下的专利有效期通常不超过 10 年。

怪为什么特效新药价格都非常昂贵，因为如果不能在并不长的专利有效期内赚回 20 亿美元的成本，就不可能有公司愿意投资研制新药。

传统的研制新药方法需要如此长的时间、如此高的成本，显然不是患者可以等待和负担的。这样的结果也不是医生、科学家、制药公司想要的，但是过去没有办法，大家只能这么做。如今有了大数据，寻找特效药的方法就和过去有所不同了。全世界一共只有大约 5 000 种被批准的处方药（包括少数因副作用较大不再被推荐使用的药物），人类会得的疾病大约有 1 万种。如果将每一种药和每一种疾病进行配对，就会发现一些意外的惊喜。比如斯坦福大学医学院发现，原来用于治疗心脏病的某种药物对治疗某种胃病特别有效。当然，为了证实这一点需要做相应的临床实验，这样找到治疗胃病的药只需要花费 3 年时间，成本也只有 1 亿美元。这种方法实际上依靠的并非因果关系，而是一种强关联关系，即 A 药对 B 病有效。至于为什么有效，接下来 3 年的研究工作实际上都花在了倒推回来寻找原因之上。这种先有结果再反推原因的做法，和过去通过因果关系推导出结果的做法截然相反。无疑，这样的做法比较有效率，因为目的性很明确。当然，这种做法能够成立的前提是要有足够多的数据支持药品和疾病匹配的相关性，因为那些置信度不高的相关性没有人相信。

在过去，由于数据量有限，而且常常是单一维度的，这样的强相关性很难找得到；即使偶尔找到了，人们在观念上也不愿意接受，因为这和传统做事方法不一样。比如在 20 世纪 90 年代中期之前很长的时间里，虽然长期吸烟和很多疾病本身的相关性已经被注意到，但是因为找不到它们之间的因果关系，在美国和加拿大围绕香烟危害的一系列诉讼最后都不了了之。在我们一般人看来，吸烟对人体有害，这是板上钉钉的事实，而且权威的医疗机构提供了很多的相关性事实。比如，美国外科协会的一份研究报告显示，吸烟男性肺癌的发病率是不吸烟男性的 23 倍，女性则是相应的 13 倍。[①] 这从统计学上讲早已不是随机事件的偶然性了，而是存在必然的联系。但是，即便这样看似如山的铁证，也不能证明吸烟是那些患者得肺癌的原因，因为吸烟和肺癌之间的因果关系没有找到。烟草公司可以找出很多理由来辩解，比如，一些人之所以要吸烟，就是因为身体里有某部分基因缺陷或者身体缺乏某种物质，而导致肺癌的，是因为这种基因缺陷或者缺乏某种物质，而非烟草中的某些物质。

美国的法律采用的无罪推定原则[②]，因此，单纯靠发病率高这一件事是无法判定烟草公司有罪的。这就导致了在历史上很长的时间里，美国各个州政府的检察官在对烟草公司提起诉讼后，经过很长时间的法庭调查和双方的交锋，最后结果要么是不了了之，要么是检方觉得没有胜算不得不撤诉，要么受害人接受并不多的赔偿和解。这里面虽然有烟草公司律师团队强大的原因，但根本原因是提起诉讼的原告一方（州检察官和受害人）拿不出吸烟致病的直接证据。

上述情况在 20 世纪 90 年代中期的一次世纪大诉讼中得到了改变。

---

① The Health Consequences of Smoking, from a report of the US Surgeon General, 2004.

② 无罪推定原则意指被告的一方在法庭上先被假定为无罪，除非有足够的证据证明其有罪。

1994 年，密西西比州的总检察长迈克尔·穆尔（Michael Moore）又一次提起了对菲利普·莫里斯等烟草公司的集体诉讼。随后，美国 40 多个州加入了这场有史以来最大的诉讼行动。在诉讼开始以前，双方都清楚官司的胜负其实取决于各州的检察官能否收集到让人信服的证据来证明是吸烟而不是其他原因导致了很多疾病（比如肺癌）更高的发病率。

我们在前面讲了，单纯讲吸烟者比不吸烟者肺癌的发病率高是没有用的，因为得肺癌可能是由其他更直接的因素引起的。要说明吸烟的危害，最好能找到吸烟和得病的因果关系，但是这件事情很难办到。于是，诉讼方只能退而求其次，他们必须能够提供在（烟草公司所说的）其他因素都被排除的情况下，吸烟者发病的比例依然比不吸烟者要高很多的证据。这件事做起来远比想象的困难。虽然当时全世界的人口多达 60 亿，吸烟者的人数也很多，得各种与吸烟有关疾病的人也不少，但是在以移民为主的美国，尤其是在大城市里，人们彼此之间基因的差异相对较大，生活习惯和收入状况也千差万别，虽然调查了大量吸烟和不吸烟的样本，但能够进行比对的、各方面条件都很相似的样本并不多。不过在 20 世纪 90 年代的那次世纪大诉讼中，各州的检察长下定决心要打赢官司，而不再是不了了之，为此他们聘请了包括约翰·霍普金斯大学在内的很多大学的顶级专家作为诉讼方的顾问，其中既包括医学家，也包括公共卫生专家。这些专家为了收集证据，派下面的工作人员到世界各地，尤其是到第三世界国家的农村地区（包括中国的西南地区）去收集对比数据。在这样的地区，由于族群相对单一（可以排除基因等先天的因素），[①] 收入和生活习惯相差较小（可以排除后天的因素），有可能找到足够多的可对比的样本，来说明吸烟的危害。

各州检察官和专家经过三年多的努力，最终让烟草公司低头了。1997 年，烟草公司和各州达成和解，同意赔偿 3 655 亿美元。这场历史性胜利的背后，并非是检察官找到了吸烟对人体有害的因果关系的证据，而是采用了统计上强相关性的证据，只是这一次的证据能够让陪审团和法官信服。在这场马拉松式的诉讼过程中，人们的思维方式其实已经从接受因果关系转到接受强相关性上来了。

如果在法律上都能够被作为证据接受，那么把相关性的结果应用到其他领域更是顺理成章的事情。

2003年，谷歌推出了根据网页内容安插广告的AdSense服务[②]，目的是与那些在网页中随机投放广告的产品竞争。根据我们的直觉，如果在一个和照相机有关的网站（或者网页）中放上照相机的广告，效果应该最好。这其实就是用到了相关性的特点，但是大部分时候，相关性并不是那么直接，不能一眼就能看出来。根据大量数据的统计结果，我们发现以下一些广告和内容的搭配效果非常好，很多和我们的想象不大相同：

① 在人口流动性较大的地区，比如城市里或者经济发达地区，很难找到一群基因非常接近的人，而这一点在经济不太发达、人们世世代代住在一起很少流动的地区才能做到。

② 今天这项服务被称为 AdSense for Content（谷歌内容广告）。

- 在电影租赁和视频播放的网站上，放上零食的广告。
- 在女装网站上，放男装的广告。
- 在咖啡评论和销售网站上，放信用卡和房贷的广告。
- 在工具（hardware）评论网站上，放上快餐的广告

……

这些搭配，如果没有大量的数据统计作为基础，一般人是想不到的。当然，如果仔细分析有些看似不太相关的搭配，还是能够找到合理的解释，比如电影租赁和视频播放网站与零食广告的搭配，符合人们在看视频时喜欢吃零食的习惯。但是，有些搭配会让人完全摸不到头脑，比如把咖啡和信用卡或者房贷联系起来。不管是能够找到原因的还是想不出原因的（可能背后存在着我们一时想不到的原因），只要使用了这些相关性，广告的效果就好。当然，在利用相关性时，我们希望是那种可信度比较高的，即数学上所谓的强相关性，而不是随便把一些看似相关的东西扯到一起。

我们在前面提到，通过因果关系找到答案、根据因果关系知道原因固然好，但是对于复杂的问题，难度非常大，除了靠物质条件、人们的努力，还要靠运气。牛顿和爱因斯坦都是运气很好的人。遗憾的是，大部分时候我们并没有灵感和运气，因此很多问题得不到解决。在大数据时代，我们能够得益于一种新的思维方法——从大量的数据中直接找到答案，即使不知道原因。一方面，它给了我们一个找捷径的方法，同时我们不会因为缺乏运气而被问题难倒；另

一方面，这种找不出原因的答案我们是否敢接受呢？如果我们愿意接受，那么我们的思维方式已经跳出了机械时代单纯追求因果关系的做法，开始具有大数据思维了。

当然，这种思维方式的改变有一个过程，我们不妨以最受益于大数据的谷歌公司为例，来说明转变思维方式的重要性。

数据公司谷歌

在一般人眼里，谷歌是一家高科技公司，不断地研发新的技术，并且成功地将一部分技术转化成了产品。但是，从本质上讲，它其实是一家数据公司。著名的机器智能专家、前谷歌研究院院长诺维格博士对谷歌的这个本质有深刻的认识。他在接受母校（加州大学伯克利分校）授予他的荣誉证书时，曾经这样讲述他为什么要加入谷歌：

> 2001 年，当全球互联网泡沫破碎后，大家都在逃离这个领域，很多人从互联网行业回到了学术界。人们问我为什么在这样一个时候离开 NASA（美国国家航空航天局），加入谷歌这家不大的互联网公司。我和他们讲了大萧条时期（1929—1933）的一个故事。在大萧条时，有些人买了银行的股票，后来都发了财。事后人们问那些买了银行股票的人为什么在银行如此糟糕时敢买它们的股票，那些投资人讲："因为全世界的钱都在它们那里。"所以，加入谷歌的决定并不难做，因为全世界的数据都在谷歌那里。

诺维格在谷歌负责搜索质量部门（也是我所在的部门）。在2005年之前，虽然我们不断地使用数据来提高搜索质量，但是主要的工作方法还是遵循因果关系。比如，我们发现有些搜索结果相关性不好，那么我们需要先分析原因，再寻找答案。在那个时候，网页搜索质量可以提升的空间还比较大，靠这种方法我们每年可以将搜索质量提高3~5个百分点。不过随着搜索质量接近完美，再按照这样一种方式工作，每年的进步连一个百分点都到不了。但与此同时，依靠数据的积累，大家发现搜索质量和很多数据特征有很强的相关性，利用这些特性可以迅速提升搜索结果的质量。

在所有数据中，与搜索质量相关性最高的是大量的点击数据，即对于不同的搜索关键词，用户都点击了哪些搜索结果（网页）。比如对于"虚拟现实"（VR）的查询，用户有31 000次点击了网页A，15 000次点击了网页B，11 000次点击了网页C……在这种情况下，网页A应该被排在第一位，但是如果搜索排序算法不好，有可能出现它没有被排在第一位的情况。这时搜索引擎的设计者就面临一个选择，是采用通过研究改进原有的排序算法，还是干脆相信用户的点击结果，抑或将它们结合在一起。如果单纯改进排序算法，这个周期特别长。如果相信用户点击的结果，其实就是用相关性取代因果关系，就会存在两个风险。首先，用户点击容易形成马太效应，排在前面的结果即使不是很相关，也容易获得更多的点击。其次，单纯依靠点击，搜索结果的排名容易被一些使用者操纵。因此，比较稳妥的办法是对用户的点击数据建立一个简单的模型，作为搜索排序算法的一部分。

今天，各个搜索引擎都有一个度量用户点击数据和搜索结果相关性的模型，通常被称为“点击模型”。随着数据量的积累，点击模型对搜索结果排名的预测越来越准确，它的重要性也越来越大。今天，它在搜索排序中至少占 70%~80% 的权重，[①] 也就是说搜索算法中其他所有的因素加起来都不如它重要。换句话说，在今天的搜索引擎中，因果关系已经没有数据的相关性重要了。

当然，点击模型的准确性取决于数据量的大小。对于常见的搜索，比如“虚拟现实”，积累足够多的用户点击数据并不需要太长的时间。但是，对于那些不太常见的搜索（通常也被称为长尾搜索），比如“毕加索早期作品介绍”，需要很长的时间才能收集到“足够多的数据”来训练模型。一个搜索引擎使用的时间越长，数据的积累就越充分，对于这些长尾搜索就做得越准确。微软的搜索引擎在很长的时间里做不过谷歌的主要原因并不在于算法本身，而是因为缺乏数据。同样的道理，在中国，搜狗等小规模的搜索引擎相对百度最大的劣势也在于数据量上。

当整个搜索行业都意识到点击数据的重要性后，这个市场上的竞争就从技术竞争变成了数据竞争。这时，各公司的商业策略和产品策略就都围绕着获取数据、建立相关性而展开了。后进入搜索市场的公司要不想坐以待毙，唯一的办法就是快速获取数据。比如微

---

① 各家搜索引擎对点击模型的依赖权重虽然有大有小，但是都在 60% 以上。

软通过接手雅虎的搜索业务，将必应的搜索量从原来谷歌的 10% 左右陡然提升到谷歌的 20%~30%，点击模型估计准确了许多，搜索质量迅速提高。但是做到这一点还是不够的，因此一些公司想出了更激进的办法，通过搜索条（toolbar）、浏览器甚至输入法来收集用户的点击行为。这种办法的好处在于它不仅可以收集到用户使用该公司搜索引擎本身的点击数据，而且还能收集用户使用其他搜索引擎的数据，比如微软通过 IE 浏览器收集用户使用谷歌搜索时的点击情况。这样一来，如果一家公司能够在浏览器市场占很大的份额，即使它的搜索量很小，也能收集到大量的数据。有了这些数据，尤其是那些用户在更好的搜索引擎上的点击数据，一家搜索引擎公司可以快速改进长尾搜索的质量。当然，有人诟病必应的这种做法是“抄”谷歌的搜索结果，其实它并没有直接抄，而是用谷歌的数据改进自己的点击模型。这种事情在中国市场上也是一样，因此，搜索质量的竞争就成了浏览器或者其他客户端软件市场占有率的竞争。虽然在外人看来这些互联网公司竞争的是技术，但更准确地讲，它们是在数据层面竞争。

在谷歌，点击模型的使用标志着工作方法从传统的遵循因果关系逐步变成了寻找相关性。今天，谷歌至少有 30%~40% 的工程师每天的工作就是处理数据。谷歌的关键词广告系统（AdWords）不仅是互联网世界最赚钱的产品，对广告商来讲也是广告效果最好的平台。谷歌是如何做到兼顾自己的利益和广告商的利益的呢？谷歌的销售人员对外宣传是技术好，这种说法当然没有错，但是更准确的说法是它从一开始就积累了大量的各种数据，并且善于利用数据。谷歌在搜索结果页投放广告时，不仅要考虑广告主的出价，还要考虑它与搜索的结果是否相关、该广告本身的质量，以及在历史上用户点击这个广告的比例。这样一来，那些不太可能产生点击的广告，或者质量不高的广告，谷歌就展示得很少，对广告主来讲省了钱；对谷歌来讲，把资源（有限而宝贵的搜索流量）留给了可能被点击的广告，收入也有所增加；更重要的是，给用户的体验要比到处放广告的网站好很多。值得一提的是，谷歌的广告系统每次播放什么广告，不是由任何规则决定的，而是完全利用数据，挖掘相关性的结果。

谷歌和很多互联网公司之所以能够取得成功，不仅仅是靠技术、靠数据，更是靠采用了大数据时代的方法论，或者说大数据思维。作为数据公司，它们在做事情的方法上有着和传统工业公司不同的思维方式。相对来讲，这些公司很少花大量的时间和资源来寻找确定的因果关系，而是通过从大量数据中挖掘相关性，直接用于产品，因此它们给外界的感觉是产品更新非常快。除此之外，谷歌成功地将很多看似需要人类智能才能解决的问题变成了大数据问题，让它在很多领域取得了竞争优势，这也是自觉应用大数据问题的结果。大数据思维对商业的帮助，我们会在后面的章节里进一步介绍。

本章小结

很多时候，落后与先进的差距，不是购买一些机器或者引进一些技术就能够弥补，落后最可怕的地方是思维方式的落后。西方在近代走在了世界前列，很大程度上靠的是思维方式的全面领先。

机械思维曾经是改变了人类工作方式的革命性的方法论，并且在工业革命和后来全球工业化的过程中起到了决定性的作用。今天它在很多地方依然能指导我们的行动。如果我们能够找到确定性（或者可预测性）和因果关系，这依然是最好的结果。但是，今天我们面临的复杂情况，已经不是机械时代用几个定律就能讲清楚的了。不确定性，或者说难以找到确定性，是今天社会的常态。在无法确定因果关系时，数据为我们提供了解决问题的新方法，数据中所包含的信息可以帮助我们消除不确定性，而数据之间的相关性在某种程度上可以取代原来的因果关系，帮助我们得到想知道的答案，这便是大数据思维的核心。大数据思维和原有机械思维并非完全对立，它更多的是对后者的补充。新的时代一定需要新的方法论，也一定会产生新的方法论。

附录

欧几里得几何学的 5 条公设（five axioms）[①]

1. 由任意一点到另外任意一点可以画直线。
2. 一条有限直线可以继续延长。
3. 以任意点为圆心及任意的距离[②]可以画圆。
4. 凡直角都彼此相等。
5. 平面内一条直线和另外两条直线相交，若在某一侧的两个内角的和小于两直角的和，则这二直线经无限延长后在这一侧相交。[③]

欧几里得几何学的 5 条公理（five notions）

1. 等于同量[④]的量彼此相等。
2. 等量加等量，其和仍相等。
3. 等量减等量，其差仍相等。
4. 彼此能重合的物体是全等[⑤]的。
5. 整体大于部分。

---

① 欧几里得，几何原本［M］. 兰纪正，朱恩宽，译 . 南京：译林出版社，2014.

② 原文中无“半径”二字出现，此处“距离”即圆的半径。

③ 这就是大家提到的欧几里得第 5 公设，即现行平面几何中的平行公理的原始等价命题。《几何原本》中有“公设”与“公理”之分，近代数学对此不再区分，都称“公理”。

④ 这里的“量”与第 4 条公理中的“物体”在原文中是同一个单词：thing。

⑤ 为了区别面积相等与图形相等，《几何原本》的译者将图形“相等”译为“全等”。

05

大数据思维与商业

今天，大部分人工智能的应用，采用的都是谷歌开源的代码。在未来我们可以看到，大数据和机器智能的工具就如同水和电这样的资源，由专门的公司提供给全社会使用。而大家要做的事情，就是思考如何利用大数据和智能工具，解决好自己的实际问题。

大数据思维不是抽象的，而是有一整套方法让人们能够通过数据寻找相关性，最后解决各种各样的难题。每一个人、每一个企业在接受大数据思维、改变做事情的方式之后，就有可能实现一些在过去想都不敢想的梦想。在这些梦想的基础上，我们能够构建一个更有效的商业环境和一个更加现代化的社会。大数据对社会的影响涉及社会的方方面面，描述清楚需要很长的篇幅。在这一章，我们集中讨论大数据对商业的影响，并通过一些具体的案例，看看大数据思维是怎样解决商业活动中所遇到的各种问题，进而构建出一个全新的商业社会。

利用大数据从乱象中找规律

当人们改变思维方式后，很多过去难以解决的问题在大数据时代可以迎刃而解。

在美国，毒品问题是一大社会毒瘤。按照一般人的想法，切断毒源就可以从根源上解决这个问题，因此过去美国把缉毒的重点放在切断来自南美洲的毒品供应上。尽管美国在这方面做得不错，但是仍然无法禁止毒品的泛滥，其中一个重要原因就是很多提炼毒品所需的植物，比如大麻，种起来非常容易，甚至可以在自己家里种。

在马里兰州的巴尔的摩市东部，有一些废弃的房屋（见图 5–1），当地一些穷人就进去把四周的门窗钉死，然后在里面偷偷用 LED（发光二极管）种植大麻。由于周围的社区比较乱，很少有外人去那里，因此那儿就成了毒品种植者的天堂。

图 5–1　巴尔的摩东部贫民窟有大量废弃的住房，毒品生产者在里面偷偷种植大麻并提炼毒品

对图 5–1 中这一类街区进行重点排查是否就能解决问题呢？答案并不是那么简单。在环境优美、生活水准高的西雅图地区，比如图 5–2 那样的社区里，把门窗钉起来种毒品自然是行不通的，但是毒品

图 5–2 种植大麻的豪宅外景

种植者也有办法。有一家人花了 50 万美元买下了一栋豪宅，周围是种满了玫瑰的花园，平时很少有人来。这栋四卧两厅的大宅子其实没有人住，占据它的是里面 658 株盆栽的大麻（见图 5–3）。房主每年卖大麻的收入，不仅足够支付房子的分期付款和电费，而且还让他攒够了首付又买了一栋房子。①

类似的情况在美国各州和加拿大不少地区都有发生。由于种植毒品的人分布的地域非常广，而且做事隐秘，定位这样种植毒品的房屋的成本非常高。再加上美国宪法第四修正案规定，“人人具有保障人身、住所、文件及财物的安全，不受无理之搜查和扣押的权利”。也就是说，警察在没有证据时不得随便进入这些房屋进行搜查。因此，过去警察虽然知道一些嫌犯可能在种植毒品，也只能望洋兴叹，这使

① http://www.seattletimes.com/seattle-news/big-time-pot-growers-use-seattle-area-homes/.

图 5–3　豪宅内实际上是这样的大麻种植场

得美国的毒品屡禁不止。

但是到了大数据时代，私自种植毒品者的好日子就快到头了。2010 年，美国各大媒体报道了这样一则新闻：

> 在南卡罗来纳州的多切斯特县（Dorchester County），警察通过智能电表收集上来的各户用电情况分析，抓住了一个在家里种大麻的人。

这件事引起了美国社会的广泛讨论。当然，话题除了围绕当地的供电公司爱迪斯托（Edisto）是否有权利将用户的数据提供给警察之外，更多的是在探讨大数据能够帮助我们解决过去的难题，以及这项技术对社会产生的影响。不过，不论社会怎么看，我觉得倒是该给警察们一些赞誉。因为他们能够在新的技术环境下改变思维方式，把过去难以解决的问题解决好。

无独有偶，这则消息出来以后不久，媒体陆续报道了在美国其他州，警察也用类似的方法抓到了在房间里种大麻的人。[①] 截至 2011 年，仅俄亥俄一个州，警察就抓到了 60 个这样的犯罪嫌疑人。为什么最近这些年警察抓犯罪嫌疑人的效率一下子变得如此之高呢？因为以前供电公司使用的是老式电表，只能记录每家每月的用电量，而从十几年前开始，美国逐渐采用智能电表取代传统电表，这样不仅能够记录用电量，还能记录用电模式。种植大麻的房子用电模式和一般居家的用电模式是不同的，只要把每家每户的用电模式和典型的居家用电模式进行比对，就能圈定一些犯罪嫌疑人。

通过查处毒品种植的案例，我们看到了大数据思维的三个亮点：第一，用统计规律和个案对比，找出违反统计规律的“异类”，做到精准定位；第二，社会其实已经默认了在取证时利用强相关性代替直接证据，即我们在前面所说的强相关性代替因果关系；第三，执法的成本，或者更广泛地讲，运营的成本，在大数据时代会大幅下降。

类似地，使用大数据的不仅有警察局，还有税务局。

在美国，99.7% 的企业是 500 人以下的小企业，它们雇用的员

---

① http://www.dispatch.com/content/stories/local/2011/02/28/police-suspecting-home-pot-growing-get-power-use-data.html.

工占私有企业员工的一半左右，而每个小企业平均人数只有 5 人左右。[①] 这些小企业，尤其是涉及可以进行现金交易的零售企业（比如餐馆、商店、服务行业等），时常有偷漏税现象发生。据估计，美国每年仅偷漏的联邦税就高达 3 000 多亿美元，[②] 在最多的年份 2006 年是近 4 000 亿美元。如果没有偷漏税，美国完全可以避免财政赤字。而在美国偷漏税比例最高的是小企业，因为查这些企业偷漏税的成本太高。

不过从 2006 年开始，美国偷漏税的金额开始下降了。这主要是因为国税局和各州州税局采用了大数据的技术，比较准确地圈定了可能偷漏税的小企业以及个人骗退税的情况。[③] 后一种情况需要一些美国个人所得税的背景知识，我们略过不讲，重点看看前一种情况，即小企业偷漏税的情况。联邦和州两级税务局防止小企业偷漏税的做法其实很简单。首先，税务局将企业按照规模（场地大小）、类型和地址做一个简单的分类，比如，旧金山拿骚大街上的餐馆分为一类，圣荷塞第十大街上的理发店分为另一类，等等。其次，税务局根据历史数据对每一类大致的收入和纳税情况进行分析。比如，前一类餐馆每平方米的营业面积每年产生 1 万美元左右的营业额，整个餐馆的年收入大约是 200 万 ~280 万美元，纳税 20 万美元；后一类理发店年收入是 8 万 ~12 万美元，纳税 5 000 美元。如果前一类中有一家餐馆的营

---

① https://www.sba.gov/sites/default/files/FAQ_Sept_2012.pdf.

② IRS Releases New Tax Gap Estimates，2008，www.irs.gov.

③ Jeff Butler. Discusses the IRS Research Division’s Big Data Techniques, Meritalk, 2016.

业面积和其他各家差不多，自称收入只有 50 万美元，那么就会被调查；后一类如果有一家理发店每年有 10 万美元的收入，只纳税 1 000 美元，也会被调查。

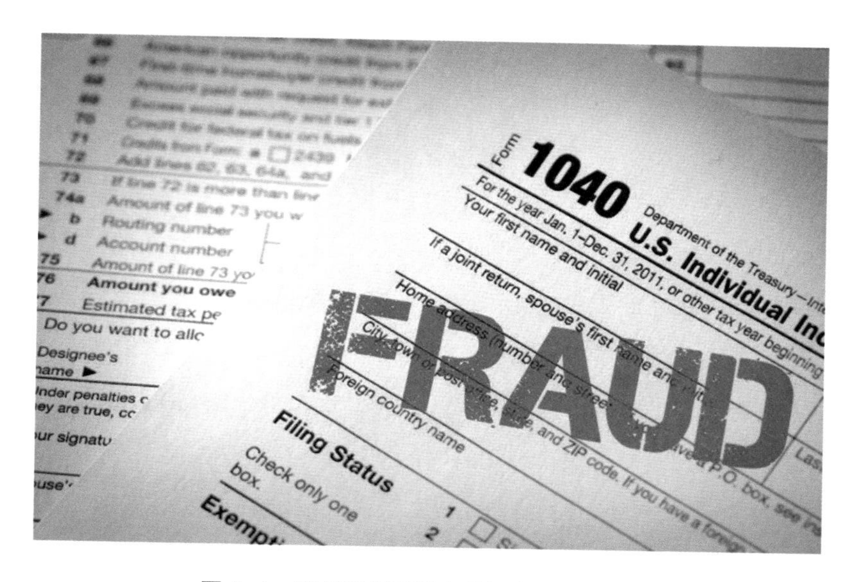

图 5–4 税务部门利用大数据查处偷税漏税

在有大数据之前，我们寻找一个规律常常很困难，经常要经历“假设—求证—再假设—再求证”的漫长过程，而在找到规律后，应用到个案上的成本可能很高。但是，有了大数据之后，这一类问题就变得简单了。比如，通过对大量数据的统计直接找到正常用电模式和纳税模式，然后圈定那些用电模式异常的大麻种植者，或者有嫌疑的偷漏税者。由于这种方法采用的是机器学习，依靠的是机器智能，大大降低了人工成本，因此执行的成本非常低。在美国有大量类似的报道，[1] 在各种媒体上也经常可以看到。近几年来，中国在利用大数据进行政府管理和日常监控方面发展得更快。比如，沪深交易所都采用了大数据监测系统，交易所的监管部门在日常监控中，一旦发现异常的交易行为，可以马上开始进一步追查内部交易行为、建“老鼠仓”的行为，以及非法资金转移的行为。

2014 年，在中国轰动一时的马乐案就是利用大数据多维度的特征被侦破的。当时马乐在担任名为博时精选基金经理时，利用职务之便，先于基金买入股票时自己低价买入，又先于基金卖出股票时自己高价卖出，获利近 2 000 万元。由于操作者马乐颇具反侦查意识，他使用了多重身份（不同的账户名称和联系电话）进行操作，让外界难以将他和股市的操作者联系起来。但是，后来马乐遇到了交通事故，用其中一个和某交易账户绑定的电话拨打了 110。警方根据所报车牌号发现了车主身份，并和幕后交易者的身份比对上，挖出了这个股市上的“大硕鼠”。

可以讲，大数据在规范化股市方面功不可没，即使有人为干扰，经济犯罪者只要有犯罪行动，就难免留下痕迹。监管部门将多个维度的信息综合，就有可能还原罪犯的画像。

既然行政监管机构通过大数据分析从原本杂乱无章，而且带有噪声的数据中还原出可靠的信息，那么商家也可以通过类似的方法做更多的生意。《纽约时报》记者查尔斯 · 都希格在 2012 年详细报道了美

① http://www.governing.com/columns/tech-talk/gov-states-big-data-tax-fraud.html. 这家网站给出了一些利用大数据查处偷漏税的案例。

国第二大连锁百货店塔吉特（Target）[1]用大数据做生意的事情。

2002年，塔吉特连锁百货店聘请统计学硕士安德鲁·波尔（Andrew Pole）来分析数据。在此之前，塔吉特通过信用卡号、接收发票的邮箱[2]能把某些顾客与其所购买的商品联系起来（回顾大数据的多维度特征）。但是这些数据有什么用、怎么用，塔吉特并没有考虑。波尔来了以后，就用这些数据分析用户行为。有一天市场部的同事来找他，问他能否判断一位女性顾客是否怀孕了，因为如果一个家庭有了孩子，他们的购物习惯将改变，甚至会疯狂购物。这时，百货店就可以给这些顾客推送相应商品的优惠券，牢牢把握住这些有刚需的用户。

波尔的数据分析团队经过对怀孕顾客行为的分析发现，这些女性在怀孕的不同阶段购买的东西有很大的相似性。在最初阶段，她们会购买无味的大瓶润肤油，这是因为她们会出现皮肤干燥的症状，接下来就是购买维生素和一些营养品，然后就是购买大包无味的香皂和棉球。等到购买婴儿用的毛巾等用品时，一般就到了快分娩的时间了。虽然每位孕妇购买的东西不完全相同，塔吉特所拥有的数据也并非完整，但是这个大趋势还是能够被系统自动归纳出来的。波尔说，如果一位女性买过大瓶椰子油润肤露、一个能装两大包尿不湿的大挎包、维生素和孩子玩耍的鲜亮的地毯，那么根据这些看似不多的信息，就能估计出她怀孕的可能性有87%，而且如果她确实怀孕了，那么预产

① 第一大连锁百货店是沃尔玛。

② 美国一些商店提供将发票发到顾客邮箱中的服务。一些顾客为了和信用卡对账方便，愿意提供邮箱或者手机号。

期可以预测得非常准确。

依靠大量的数据，波尔团队给出的预测还是相当准确的。塔吉特根据波尔统计出的结论，找出了 25 类商品，一旦确定一个家庭有人怀孕了，就在孕妇怀孕的不同时期向她们推送这 25 类商品的优惠券。利用大数据精确地做生意的做法，让塔吉特能够在美国零售市场趋于饱和且被电商瓜分的情况下，保持稳定的增长。2002 年，也就是波尔受聘于塔吉特的那一年，该连锁店的营业额是 440 亿美元；到 2010 年，营业额则上升到 670 亿美元。至于波尔的工作对此有多少贡献，塔吉特的老板认为是非常大的，因为塔吉特从那以后专注于给像母婴这样的特定顾客有针对性地推荐产品。

塔吉特利用大数据的故事非常具有代表性，它反映出大数据和未来商业的关系。但是塔吉特的故事并没有到此结束，接下来的事情就非常戏剧化了。

接下来的这一段内容被《福布斯》等多家媒体不断报道和转载，因此读者可能已经读到过了，这里我不再赘述，为了便于讨论，我只介绍一下故事的梗概：①

> 有一天，一位中年男子闯进明尼阿波利斯的一家塔吉特商店，要求找他们的经理。在见到经理后，这位男子说：“我才上高中的女儿收到了这些优惠券——婴儿的衣服、婴儿的摇车等，

① http://www.nytimes.com/2012/02/19/magazine/shopping-habits.html?page wanted=1&_r=1&hp.

你们这是鼓励她过早怀孕吗？”经理开始时一头雾水，看了男子手里拿的信件的地址和里面的优惠券，确实是他们寄出去的。于是经理就向这位男子道歉。

几天后，这位经理又专门打电话给这位男子，再次道歉，并且了解一下后者对他们的处理是否满意。这回让这位经理吃惊的是，在电话的另一端，那位男子说：“我和女儿谈了，家里有些事情我确实不知道，她真的怀孕了，预产期是8月。我应该向你道歉。”

记者都希格在他的长文中这样评论道：“塔吉特比一个十几岁女孩的父亲先知道他的孩子怀孕了。事实上，它很清楚顾客家庭的情况，却装作不知道。这件事就如同跑去相亲的男女，虽然事先已经把对方了解得一清二楚，还装作什么都不知道。”当然，塔吉特挖掘大数据并非为了刺探隐私，而是为了做生意，但是这也从另一方面说明商家掌握了大数据之后，对顾客的需求可以说已经了如指掌了。

2016年，我们在本书第一版中讲述这个故事的时候，大部分读者觉得颇为新奇。今天，很多读者已经有过类似的经历了，因此大数据思维对商业的重要性，我们怎样强调都不过分。

相关性、时效性和个性化

在大数据出现之前，并非人们不想搞清楚信息之间的关联性，而是这件事做起来成本比较高。首先，需要花费很长的时间收集足够多的数据；其次，需要花费更长的时间来验证数据直接的相关性是否合理。因此，在过去，大部分传统企业在使用数据做决策时，更看重从宏观数据中获得的整体经验，而不去对细节数据进行收集和处理，自然不可能得到细致到每一个人的信息。但是到了大数据时代，即使那些比较传统的企业，观念也在慢慢转变。

先说说传统零售业。像沃尔玛连锁店或者梅西百货这样传统的商店，货物的摆放是很有讲究的。这些商店的货架基本上可以分为两种。第一种摆放的商品基本上是固定的，比如，1~10 排是药品和洗漱用品，11~15 排是文具用品，16~20 排是生活用品，等等。这类固定货架是为了方便老顾客每次都能够顺利地找到他们想要的东西。第二种是商店一进门的货架，摆放的是促销的、当下热门的或者与季节相关的商品。这一类货架虽然数量不多，却产生了可观的营业额。但是，第二类货架该摆什么商品，过去基本上是凭经验判断。虽然说经验来自对历史数据的积累和分析，但是这个过程非常缓慢。比如，沃尔玛发现在下雨天或者天气恶劣时，手电筒等应急物品卖得很好。这听起来很合理，因此沃尔玛就在坏天气来临之前把这些商品放在一进门的货架上。当然，沃尔玛也发现坏天气时一些方便早餐，比如甜甜圈和蛋糕的销量特别好，因此这些方便早餐和手电筒等应急物品可以放在一起卖。这种做法是否算是大数据的应用呢？其实它更像是传统意义上对数据的应用。因为这里面的规律性是慢慢被观察到的，同时规则一旦确立，就很少被动态修改。因此，这种规律更像是开普勒总结出的日心说椭圆模型，一旦确立，就被认为是不变的。此外，哪怕巧妙地安排了商品摆放的位置，但每一个顾客看到的都是一样的，尽管他们的需求并不相同。在采用塔吉特那种跟踪每一个顾客的做法以前，即使在进行个性化促销方面，沃尔玛这样的传统零售店也从来没有尝试过针对每一个人提供独特的促销活动。

新一代的百货商店，也就是以亚马逊和阿里巴巴为代表的在线商店，做法从一开始就和传统百货商店不同。它们直接利用数据提升销售，因此迅速形成了对连锁百货商店碾压式的优势。在历史上，沃尔玛每次向美国证监会提交财报时，所列举的主要竞争对手无非是塔吉特或者开市客（Costco）仓储店；但是进入新世纪之后，它最大的竞争对手就变成了eBay（易贝）和亚马逊。很多人简单地以为亚马逊的优势仅仅在于价格便宜，这其实是一种误解。事实上，亚马逊商品

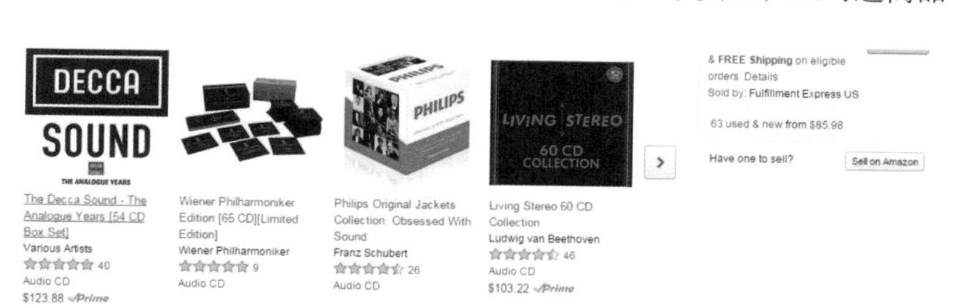

图 5–5　亚马孙会把男性护肤用品和古典音乐一同推荐

的价格并不比沃尔玛或者塔吉特这样的实体店便宜，更是超过了开市客这样的仓储店。这和中国的电商有很大区别。亚马逊的优势是它能够有针对性地给用户推荐商品，或者说，每一个人进入不同的虚拟商店，里面商品的摆放是针对每一个用户优化过的。事实上，个性化推荐这件事，就为亚马逊提供了 1/3 的销售额。

为什么亚马逊能够做到这一点而沃尔玛做不到呢？这就涉及大数据的时效性、精细化等特点了。亚马逊相比沃尔玛等企业有三个明显的优势。

第一，它的交易数据被即时而完整地记录下来，而且随时可以用，随时可以分析，因此亚马逊挖掘到类似廉价早餐点心和应急用品的搭配只需要几个小时，而不是多少年。沃尔玛等传统的公司，虽然也都保留了交易数据，但都是支离破碎地存放在各处，有些还是存放在第三方，[①] 用起来并不方便，更不用说它们在历史上因为对数据不重视，会清除多年前的数据，对于现有数据分析也不够及时。

第二，亚马逊拥有顾客全面的信息。比如，张三上周买了一台数码相机，之前他还购买了几个玩具，同一个地址的李四前两天买了婴儿用的浴液。那么可以联想到张三和李四是一家人，他们有个出生不久的婴儿，张三买数码相机或许是为了给孩子照相，他们或许会对在线冲印照片（并做成贺年卡），或者电子相框有兴趣。如果将他们的地址和美国个人住宅信息网站 zillow.com 联系起来，很容易了解到

① 在美国，很多大公司的 IT 业务是外包给专门的 IT 服务公司的。

他们的住房价值，进而估算出他们的收入。这些条件是沃尔玛不具备的。

第三，亚马逊的任何市场策略都能马上实现，而实体百货商店做不到这一点，即使后者知道该怎么做。我们在前面讲到，实体店的货架摆放不可能根据每一个顾客改变，即使他一进门商场就知道他要买什么。不仅如此，即使是针对所有顾客的促销，实体店也无法动态调整销售策略。比如，当一种新上市的商品促销效果不好时，恐怕要缩短促销时间，将销售资源留给其他商品，而不是沿着已经证明无效的策略继续做。这件事情在网店很容易做到。在实体店里，可不是什么商品想下架就能随时下架的，因为还需要找到合适的替代品。在沃尔玛这样的商店里，即使调整价格这件事也不可能随时做到，这需要在晚上关门之后进行。因此，即使沃尔玛等实体店数据挖掘的速度能做到和亚马逊一样，它们的市场反应速度也跟不上亚马逊这样的电商公司。

将亚马逊这些电商和沃尔玛等传统的零售店进行对比，我们能够看到大数据时效性和个性化特征带来的好处。今天，无论是在各大电商网站上还是在实体店里，商品种类多得已经无法靠浏览来选择。除了少量生活必需品的购买行为是直接完成的之外，大部分人逛店（包括网点和实体店）其实并没有太明确的目标。这时候，通过有针对性的推荐，让顾客产生购买欲望就变得特别重要了。在这方面，以亚马逊和阿里巴巴等公司为代表的新一代零售店有巨大的优势。它们通过互联网的灵活性让价格具有时效性，能时不时进行促销，顾客在心理上感到占到了便宜。很多人觉得有了网购省了很多钱，那是按照单价来衡量的；从花钱总量上讲，大家每年花的钱是越来越多，而且增长很快。根据中国统计局公布的数据，2012 年之后的 5 年，中国的社会消费零售总额的增长速度远高于 GDP 的增长，而且一直保持两位百分数的增长率，[①] 这期间也是中国电子商务高速增长的年代。当然，亚马逊和阿里巴巴能做到今天这一步，也是靠较长时间的大数据积累。亚马逊开始做商品推荐的初期，由于数据量不足，不得不将顾客粗分为几大类，然后进行商品推荐，其基本逻辑是：张三买了 A，后来也买了 B，你今天买了 A，我觉得你也会买 B，因此我给你推荐 B。

这其实和传统商业中将用户分层没有本质的区别。事实证明，将顾客聚类的方式效果非常不好，最终亚马逊不得不放弃这种方式。不过随着亚马逊数据量的积累，它可以由商品直接推荐商品（item to item），继而根据一个人全面的上网行为推荐商品，甚至制定特殊的价格。像沃尔玛这样的百货商店，今天能做到把两类商品关联起来，就已经比过去大大地提高了营业额，但是，无法做到完全个性化的服务。因此，两家商店在吸引顾客方面的差异就显而易见了。2015 年 7 月，亚马逊的市值超过了沃尔玛，这标志着一个新时代的到来——以大数据为基础的电子商务将超越传统的零售商业。在大洋彼岸，阿里巴巴平台上的商品交易额超过苏宁等中国最大的 6 家连锁店销售额的总和，超过了全中国零售额的 1/10。

---

① 数据来源：http://economy.caijing.com.cn/20180119/4396906.shtml.

相比实物商品的销售，音视频等数字产品的销售更容易受益于大数据，比如美国在线（American Online）、在线影片租赁公司奈飞（Netflix）便是靠利用数据成长起来的。奈飞公司是在第一次互联网泡沫期间（1997 年）诞生的，在今天算得上是互联网领域资格最老、上市最早的公司之一了，但是其业务真正发展起来却是几年前大数据时代到来以后的事情。在大数据时代到来之前，奈飞利用互联网的便利性与原有的电影租赁公司百视通（Blockbuster）和好莱坞录像（Hollywood Video）竞争。奈飞原先的商业模式其实很简单：用户可以在互联网上选定自己想看的电影，奈飞将电影的 DVD（数字多功能光盘）用快递给到用户，用户看完后再将 DVD 放到一个已付邮资的信封中寄回给奈飞。当收到寄回的 DVD 后，奈飞会给用户寄出他想看的下一张 DVD。奈飞的收费从每月 8 美元到 18 美元不等，费用取决于用户手上能同时保留几张 DVD（1~4 张）。考虑到邮寄的周期通常是一周，因此算下来大约相当于花 2~3 美元在家看一场电影。

奈飞在它的头 10 年发展得并不快，这不仅因为其用户增长不快，更是因为用户的活跃度不高。很多用户订阅了半年、一年就退出了。奈飞的早期用户（包括我本人及其周围的人）都有一个共同特点，就是在头几个月把过去想看的电影都看完了，接下来就不知道该看什么了。虽然奈飞也会推荐一些评分较高的影片给用户，但是由于它并不了解每个人的需求，这种缺乏个性化的推荐效果并不好，因为最热门的或者评分最高的电影并非符合每一个人的口味。于是，用户的平均活跃度在几个月后不断下降，接下来他们就开始减少每个月的开销——原本订 18 美元套餐的用户改成了 8 美元的，原本订 8 美元套餐的用户干脆退订了。就这样，奈飞不断地发展新用户，同时又渐渐丢失了老用户，总是发展不起来。

后来奈飞又提供了通过宽带在线观看影片的服务，这有点像我在《浪潮之巅》里描述的“根据需求（on demand）收看”。虽然这给用户带来了很多方便，不仅省了来回邮寄的时间，而且可以随时从上次中断的地方直接看，从理论上讲大家应该会看更多的电影，但结果是大部分用户的活跃度并没有提高，因为并没有解决看什么电影的问题。因此在很长时间里，奈飞的营收并不好，大家也不看好这家公司。

但是，随着数据量的积累，尤其是精细到每一个用户的多个维度数据的积累，奈飞给每一个用户的推荐变得越来越准确，以至一些核心用户在不知不觉中开始放弃自己的选择，将选择权交给了奈飞。此后奈飞用户的活跃度开始提升，因为他们不用费心思考看什么电影，只要有时间就去看好了。今天，奈飞给每一个用户的推荐是相当准确的，不仅能够为他们找到自己所喜欢的电影风格和题材（以及每一个人喜欢的导演、演员等），而且能够非常快速地根据用户的反馈调整策略，避免让用户产生反感。奈飞能够做到这一点也不难理解，因为它非常清楚给用户推荐的效果是否好（是否点击观看，是否看到一半就转去看别的节目了，等等），而这些数据是过去其他传媒公司无法获得的。依靠精准推荐，奈飞的用户活跃度从 2008 年之后不断提升。

而原来的有线电视和卫星电视的付费用户，还在根据电视节目预告指南看节目，每天晚上的节目是否让他们有兴趣，那就完全看运气了。这些用户，开始逐渐终止（或减少了）原来的有线电视和卫星电视付费套餐，改用奈飞的服务。从 2008 年开始，奈飞的业务量剧增，到 2014 年，奈飞的流量已经占到美国峰值流量的 1/3 以上。①2016 年初，奈飞的市值已经超过传统卫星电视网 Dish Network 和默多克的 Direct TV。2019 年，奈飞的市值高达 1 500 多亿美元，是 Dish Network 的 10 倍左右，而默多克的 Direct TV 干脆退市了。

和亚马逊类似，奈飞不仅具有大量时效性强的数据，而且它的平台可以根据用户的反应及时、个性化地调整策略，这种灵活性也是过去那些事先安排好一周节目的有线电视网所不具备的。时效性很强的个性化推荐不仅体现在能卖钱的商品和服务上，在信息过载的时代，任何意义上的信息搜寻都离不开好的个性化推荐。

直到 2005 年，谷歌依然拿不定主意是否该主动为用户提供相关搜索。当时反对的声音总体上占了上风，因为很多人认为应该由用户自己决定输入什么样的查找关键词，而不是由搜索引擎引导用户去搜索。事实上，早在 2005 年之前，我负责的团队就开发出了利用搜索关键词之间的相关性提供相关搜索的技术，我们甚至能够在搜索条中根据用户搜索习惯和输入的一两个字自动提示出完整的关键词组合。但是这个服务迟迟未上线，因为佩奇和布林并不喜欢这种服务。

① http://gadgets.ndtv.com/internet/news/netflix-now-accounts-for-34-percent-of-us-internet-traffic-at-peak-times-524323.

最终，我们不得不先利用中、日、韩文字打字慢的特殊性说服了两位创始人允许我们在这三种语言中试一试，结果这种相关搜索立刻让这三种语言的搜索量增加了 10%，随后用户的活跃度也不断提升。不到一年后，佩奇同意把这项技术应用到英语和其他语言中，与中、日、韩语言类似，它对提升英语等其他语言的流量有同样明显的帮助。

到 2008 年，佩奇在这方面变得激进起来，不仅同意在搜索结果的下方提供相关搜索，而且希望直接在搜索栏内根据用户当前部分输入和历史数据，自动提示搜索的关键词（见图 5–6）。这个功能很快上线了，它不仅使用户输入搜索关键词的速度大大提高，而且还解决了用户自己想不出合适关键词的问题，用户每天使用搜索的次数也进一步提升了。

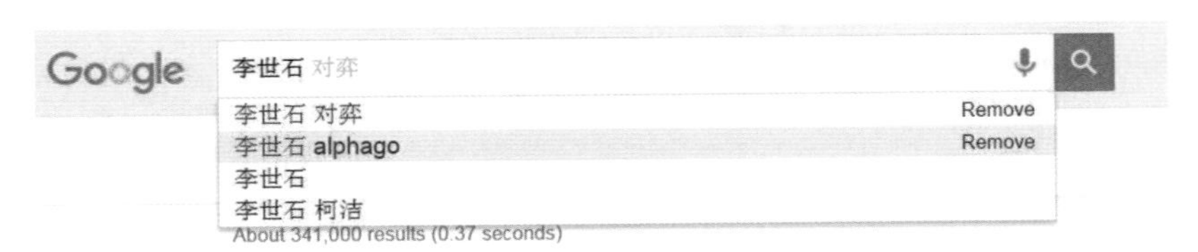

图 5–6 谷歌的搜索关键词提示功能。输入部分搜索关键词，谷歌会根据该用户的搜索历史和其他用户的常见搜索，提示全部关键词并且自动填充到搜索框中

2011 年，谷歌变得更加激进，开发了所谓“无关键词搜索”的产品。也就是说，对特定用户，根据他某个时间过去的行为，以及当前使用谷歌产品的场景，自动产生搜索关键词（在用户看来自己没有输入任何关键词），再从互联网上查找出信息，最后提供给用户。当然，这项技术是建立在积累了大量的用户数据，而且能够通过非常智能的数据挖掘工具，了解用户使用互联网的意图基础之上的。事实上，谷歌甚至能了解用户的一些生活习惯（比如，住在哪里，每天工作做些什么，以及当下正在做的事情）。

今天，安卓手机上使用最多的一个功能Google Now，就是基于上述技术。这项服务可以动态地提示用户接下来该做什么，而这种提示是随着时间、地点、应用场景和不同用户本身的习惯特点改变的。很多人把微软和之前雅虎在搜索领域输给谷歌完全归因于技术因素，坦率地讲，在同一个年代，这些大公司在技术上的差异不会很大，谷歌能够做得更好的原因在与有更多的数据，特别是那些长尾的、小语种的搜索数据。

从亚马逊、奈飞和谷歌使用数据提供商品和服务的案例中，我们不仅可以看出实时性、个性化服务所带来的巨大竞争优势，而且应该体会到大数据和智能技术结合之后，其实可以在一些场合帮助人做决定。亚马逊和阿里巴巴帮助人决定了该买什么东西，奈飞帮助人决策该看什么电影，而谷歌则帮助人决定该接收什么信息。今天一些观点认为，这些过分智能的推荐让人们变得懒惰了，对此我们不做评论，但是有两个结果是显而易见的。首先，使用者本能地颇为享受这种省心的推荐服务，并且在不知不觉中花了很多钱，或者很多时间；其次，采用这种思维方式的公司在与同行的竞争中占有巨大的优势。当然，可能有人会说，拿亚马逊和沃尔玛对比、奈飞和传统电视网相比、互联网公司谷歌和软件公司微软相比多少有点不公平，因为后者天生缺乏提交动态改变策略的能力。不过，接下来的两个案例，或许更能让大家相信，在智能时代如果不改变思维方式，不接受让机器代替人做一些思考，商业竞争就不可能制胜。

被出让的决策权

如果要问今天（截至 2019 年）中国最成功的尚未上市的创业公司是哪个，大家可能会说是滴滴出行和字节跳动（今日头条的母公司），前者占据了中国网约车大部分市场，而后者在 2018 年的广告收入已经高达 500 亿美元，在移动互联网市场上超过老牌互联网公司百度，成为这个市场的第一大广告公司。为什么这两家公司能在短时间内崛起呢？虽然原因是多方面的，但是有一个原因绝不能忽视，那就是他们设法让用户将部分决策权交给了计算机，这样不仅降低了企业运营的成本，而且让用户在经济上得到了好处。

先说说滴滴出行。滴滴出行不是第一家网约车公司，2012 年它诞生的时候，易到租车已经存在两年多了，与它同时诞生的还有快的等公司，随后优步也进入了中国市场。滴滴出行的技术也算不上一流，一些商学院的教授甚至私下里将它作为好的产品形态、糟糕的工程水平最终也能取胜的案例。但是，就是在那样一个竞争颇为激烈的环境中，滴滴出行能够在短时间里脱颖而出，一统网约车市场，并不是像很多人想象的那样靠烧钱（因为当时烧钱的企业有很多），而是从一开始做事的思维方式就很先进。滴滴出行坚持不给司机和顾客彼此选择的权利，而完全由它的算法为乘客和司机匹配。这种做法有很多好处，一来能够达到最多的乘客和司机匹配，最大化公司的收益；二来消除了双方因挑三拣四而带来的选择困难症；三来避免了很多不必要的纠纷。相比之下，当时一些网约车公司本着尊重乘客和司机双方选择的考虑，让约车的双方保留了一些选择权，结果不仅是自己的运营成本剧增，而且司机和乘客之间的扯皮也无法避免。这场竞争今天早已落幕，它告诉我们一件事——既然已经身处智能时代，就要接受新时代的做事方法。

如果说滴滴出行的成功还有诸多方面的因素，那么今日头条的成功几乎可以完全归结为算法的胜利。作为一家互联网公司，今日头条对今天中国用户的影响可能已经超过了百度，至少大家花在今日头条和它的姊妹产品抖音上的时间要远远高于花在百度上的时间。今日头条的做法其实很简单，通过用户的历史数据和所谓的协同过滤（collaborative filtering）向手机用户推荐每天阅读的内容。使用用户的历史数据进行推荐我们在前面已经讲过，亚马逊、谷歌和奈飞都是这么做的。那么什么是协同过滤呢？我们不妨用下面的两张图来说明。

图 5–7 显示了一些女性对电影、读书、时尚和音乐的偏好情况，图中的“√”代表喜欢，“×”代表不喜欢。现在的问题是：第四位女生是否喜欢音乐？如果单纯使用她本身不太完全的数据，这件事不容易准确预测，协同过滤就是在这样的情况下来预测偏好的。

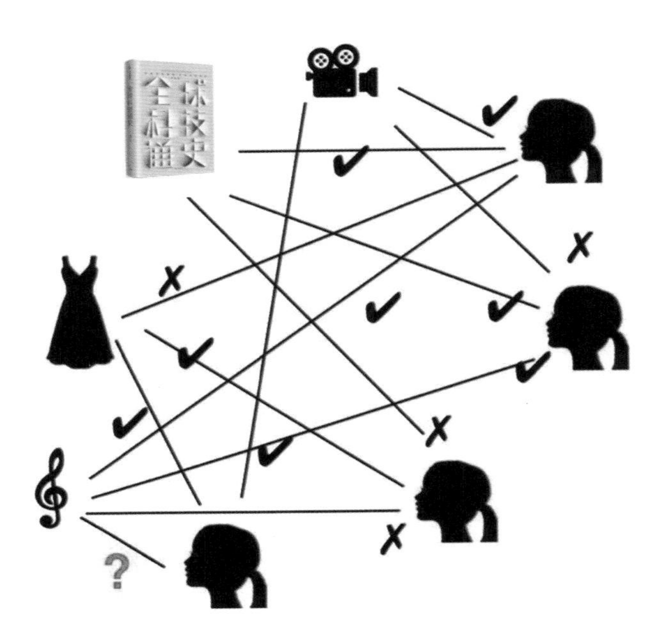

图 5–7　用户对电影、读书、时尚和音乐的偏好

所谓协同过滤，就是在个人信息不完全的情况下，借用他人的已知数据进行预测。通常我们会将图 5–7 中所呈现的个人偏好信息整理为图 5–8 中的表格形式。从这个表格可以比较清楚地看出，喜欢时尚的人可能不喜欢音乐；喜欢电影的人，一半喜欢音乐，另一半不喜欢，是否喜欢读书和是否喜欢音乐有较高的一致性。我们要预测的女生，同时喜欢时尚和电影，关于她是否喜欢读书的信息缺失，综合下来，其实不喜欢音乐的可能性较大。

今日头条关于用户的大部分数据都是不全面的，但是它的维度非常多，通过对不同人多个维度喜好的对比，能够找到行为和偏好类似

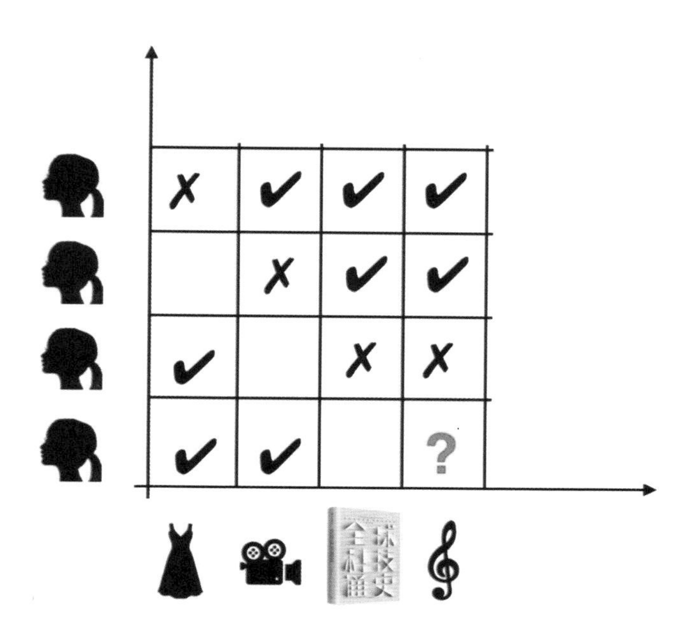

图 5–8 协同预测的信息表格

的人；再通过那些类似的人将缺失的信息补回来，这就是利用协同过滤进行预测。事实证明，同时利用历史信息和协同过滤进行预测，效果远比仅仅利用历史信息要好。因为如果单纯依靠历史信息，就会出现你读了几天体育新闻后，总是被推送体育新闻的情况，那样就会进入机器学习的死胡同。

今日头条的做法从本质上讲是人类将三种选择权交给了机器智能。首先，公司将编辑的工作交给机器去完成。它编辑和筛选新闻的方式，不再使用人工进行编辑，选择的标准也不再是传统媒体所教授的标准，而是通过数据挖掘找到用户的偏好。这件事是在明面上，大家都能看明白。其次，用户在不知不觉中将自己的选择权也交给了今日头条。在此之前大家会根据自己的爱好选择媒体，然后选择媒体中的频道和栏目。但是在大家习惯使用今日头条之后，其实在很大程度上放弃了这种自主选择权。接下来的问题是，大家这种放弃是情愿的还是不情愿的？如果问这个问题，很多人会说自己是没办法，但是他们的行为表明自己很享受被越俎代庖，因为从平均花在今日头条的时间来看，用户每天花得非常多。这一点是隐含的，很多人并不注意。最后，用户其实还将选择朋友圈的权利交给了今日头条的算法，这是人类交出的第三个选择权。这一点藏得更深，绝大部分人注意不到，那就是替我们建立起隐含的朋友圈。

我们知道物以类聚、人以群分的道理，今天很多高端的朋友圈其实就是这么建立起来的。比如，红杉资本所投资的创始人、某家独角兽公司的投资人或者高盛某个地区的客户会形成朋友圈；保时捷的车主，尼康、徕卡相机的专业摄像者，某些名表的爱好者，爱马仕、卡地亚或者宝格丽的顾客也会形成朋友圈；某个作家、歌手甚至网红的追随者也会形成朋友圈。这些圈子无论大小，都是靠商业行为的相似性将原本毫无交集的个体联系起来的。不过这些圈子和计算机算法没什么关系，是人主动选择的结果。需要指出的是，这些圈子形成之后，会在无形中影响各自的行为，以及连接它们的商家的商业行为。当然对商家来讲，直接的好处就是便于准确地进行市场营销。

今日头条的计算机算法在某种程度上可以取代人工为它的读者

建立起各种类似朋友圈的联系。由于每一个人看到的新闻是不同的，被推送同一类新闻的人，其实在不知不觉中被今日头条拉进了同一个朋友圈。他们会就某个话题交流，而对这个话题不感兴趣的人，久而久之不会再读到这个话题的新闻，就如同看同样电影的人是一类人一样。当然这种关联目前是隐含的，用户未必能察觉，但今日头条这样的公司可以利用它来做生意。此外，如果哪天今日头条想成为社交网络平台，它是完全可以做到的。

大数据和随之而来的人工智能，已经在不知不觉中接管了人的一些决策权。情愿也罢，不情愿也好，当人们发现生活变得方便后，其实都接受了这个现实并且开始习惯了。当然很多原有的能力也就开始消失，这就如同汽车普及之后，人们会逐渐习惯以车代步的生活，并且逐渐长出了小肚腩一样。但可以肯定的是，当一项技术普及之后，人类其实很难回到没有它的状态。因此，与其坚守凡事依赖人来决策这条底线，不如想想如何利用好数据。

至于如何能够使用好数据，上述这些大数据应用的案例已经向我们揭示出理解大数据思维的线索和使用数据普遍的原则。这个线索就隐藏在数据流（data flow）中。接下来，我们不妨分析一下前面几个案例中数据是如何流动的，之后大数据商业的特点就一目了然了。

商业的底层尽在数据流中

上述大数据应用的案例存在着一些普遍的规律，这些规律可以通过数据流的一致性体现出来。我们不妨分析一下上面几个案例中数据是如何流动的。

首先，大量看似杂乱无章的数据点，从很多不同的地方（可以是不同的人、不同的公司，甚至是不同的采样点）收集上来。这些数据在生成时常常是彼此独立的，而且在收集上来之前是原始的、未加工的、无目的的。无论是亚马逊上用户的购买行为，奈飞上用户收看电影的行为，还是谷歌用户上网搜索或者做其他事情的行为，事先与这些服务的提供商都没有沟通和商量，而且彼此是独立的。这些大量独立的数据聚合在一起，才能得到客观而准确的统计结论，比如网页搜索和结果之间的相关性，不同商品之间的相关性，或者不同电影之间的联系等。在这个过程中，各种数据如百川入海般汇聚到一起。

其次，这些数据在产生和收集时是没有特定目的的，否则得到的数据不真实，这一点我们在前面已经分析过了。但是，随后怎样使用它们则需要视特定的应用而定，这个挑选和过滤的过程则有了目的性。比如，谷歌在网页搜索排序中所使用的数据，和用于搜索提示时的数据是不同的，虽然它们都是从同一个来源收集到的。由于大数据的多维度特征，使用者需要根据自己的需求进行筛选、过滤和处理。同时，由于在收集数据时事先没有太多的目的性，从这些数据中能够得到什么结果事先也无从知晓，最终从数据中得出什么结论就是什么结论，不能事先进行主观的假设。

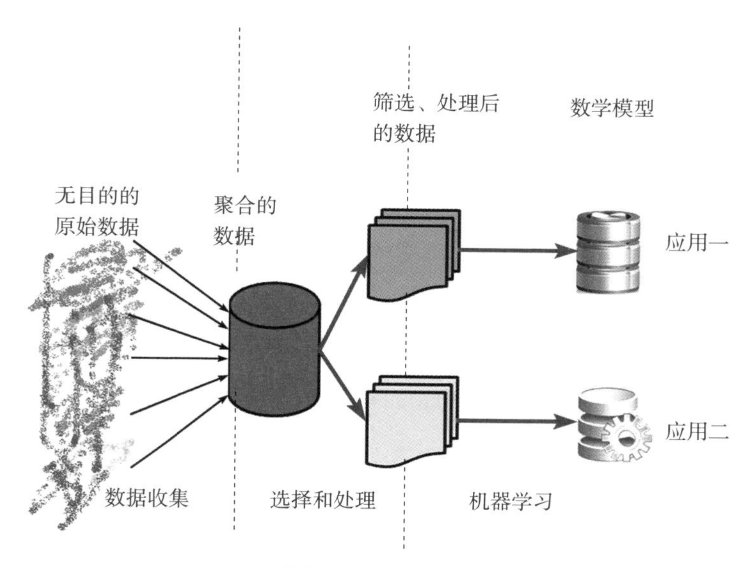

图 5–9 大数据收集、处理和建模的流程

在上述过程中，数据的流向是从枝末的局部到整体，形成我们对整体的认识。过去基于统计的方法做到这里基本上就结束了。但是今天大数据的方法可以往前再进一步，即数据的流向从整体再回到局部，用以指导具体的商业行为和其他行为（如图 5–10 所示）。

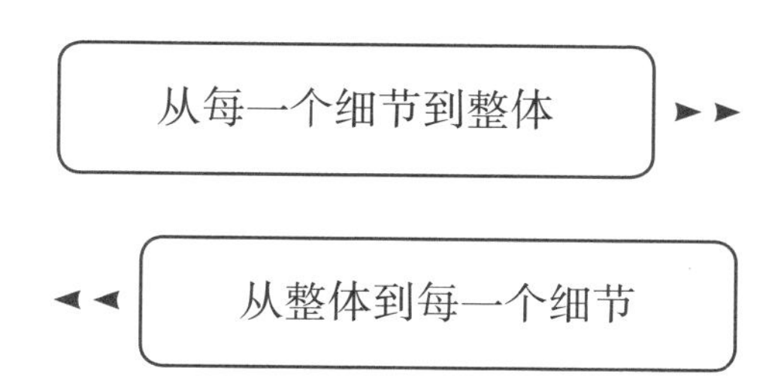

图 5–10 在大数据的商业应用中，数据通常要完成两个方向的流动

在前面的几个案例中，大数据的使用者都是先从大数据中找到普遍规律，然后再应用于每一个具体的用户，并且影响到每一个具体的操作。以抓毒品种植和偷漏税为例，警察局或者税务局首先需要根据大数据了解用电或者纳税普遍的模式，然后要准确地估算出每一个地址正常的模式，这样就能够发现每一个异常的情况。对于互联网公司的那些应用也如此，它们可以对每一个用户提供不同的服务，甚至做到每一次的服务都不相同。比如，电商公司在用户浏览打印机或者电动牙刷时，如果发现他们在阅读产品介绍和评价，那么可能用户尚未完成购买，推荐相应的产品给用户是合理的；而当用户完成购买后，再搜索或浏览这些产品，推荐给用户打印机墨盒或电动牙刷头等耗材，就比推荐那些耐用产品本身更合理了。经常在亚马逊上购物的人对这一点会有体会，不仅不同的人看到的网页内容不一样，而且同一个人今天和昨天看到的内容也是不一样的，尤其是在完成一些购买行为之后。这种精细到每一次交易，甚至每一次内容展示的服务，在过去不仅做不到，甚至超出了商家的想象力，但是今天依靠大数据，这不仅已经变成了可能，而且还代表了商业的趋势，做不到这一点在未来就没有竞争力。

为了进一步理解大数据在商业活动中这种双向流动，即从细节到整体，再从整体到细节，我们不妨看看下面这几个案例。

把控每一个细节

戴维是硅谷地区一位连续创业者，善于根据技术发展的大趋势寻找特定领域里的商机。我在见到他之前他已经创办过两家公司，并且因为其中一家公司被收购而获得了财务自由，随后他又准备开始一次新的创业。戴维知道，在美国一半小型企业（包括餐馆等）的寿命超不过5年，而一多半餐馆和酒吧活不过3年。根据中佛罗里达大学帕尔萨（H. G. Parsa）教授的研究，3年存活率仅有41%。于是戴维花了一年的时间走访了美国100多家酒吧，并且对这个市场进行了深入的研究。戴维发现，餐馆和酒吧之所以经营不下去，除了大家都知道的原因，比如地点不好、服务人员对顾客态度不友善等，最重要的原因是偷盗食品和饮品的现象十分严重。戴维统计的结果表明，大约23%的酒都被偷喝了，这和帕尔萨教授在10多年前研究发现的20%食品和饮品的偷盗比例基本一致。

那么酒保们是如何偷喝掉将近1/4的酒的呢？戴维说，这其实很简单，主要是酒保们趁经营者不在的时候偷喝酒，或者给熟人朋友免费的或超量的酒饮。比如小王是酒保，小李是他的朋友，这天小李来到酒吧时，小王看老板不在，就给小李倒上一杯没有算钱。甚至即使老板在，小王本来该给小李倒4两酒，结果倒了6两。由于每一次交易的损失都非常小，不易察觉，因此在过去，酒吧的经营者平时必须得盯紧，如果有事离开一会儿，只好认倒霉。

过去，餐厅和酒吧的经营者所能做的就是制定各种所谓的“加强管理”措施，但是那些措施其实很难坚持实施，因此没有多大的效果。开过小餐馆的人都有这样的经验，自己是否在店里看着，对营业额的影响特别大，稍微不注意就开始亏损。因此做这种餐饮买卖的人特别辛苦，但是为了生意也只好忍耐。

大数据为解决上述问题提供了可能性。戴维利用大数据开发了一个动态管理库存和防止饮品偷盗的系统，帮助那些酒吧提升了业务。

戴维的解决方案包括两部分。首先，改造酒吧的酒架，在酒架上装上可以测量重量的传感器，以及无源的 RFID（射频识别）[①] 芯片的读写器，然后再在每个酒瓶上贴上一个 RFID 芯片。这样，哪一瓶酒在什么时候被动过，倾倒了多少酒都会被记录下来，并且和每一笔交易匹配上。酒吧的经营者可以用平板电脑查询每一笔交易，因此即使出门办事也可以了解酒吧经营的每一个细节。表 5–1 是戴维提供的调制一杯金汤力（Gin Tonic）所需的原材料及其分量，如果耗费的原材料超过指导分量的 10%，智能的酒吧管理系统就会预警。

表 5–1　调制一杯金汤力所需要的原材料及其分量

原材料	分量
杜松子酒	0.03 千克
苏打水（Tonic）	0.12 千克
柠檬	0.005 千克
麦管	1 只

当然，戴维提供的服务如果只是停留在这个层面，那么更像是一个万物联网（Internet of Things，简称 IoT）的应用，与我们所说的大数据其实关系并不大。戴维对酒吧的改造带来了一个额外的好处，就

① 关于 RFID（Radio Frequency Identification，简称 RFID）的原理，我们将在第六章介绍。

是积累了不同酒吧比较长时间的经营数据。在这些数据的基础上，他为酒吧的主人提供了数据分析。这其实是他的解决方案的第二部分。具体讲，这部分包含了以下三个方面的服务。

首先，分析每一家酒吧过去经营情况的统计数据，有助于酒吧的主人全面了解经营情况。在过去，像酒吧这样传统的行业，经营者除了知道每月收入多少钱，主要几项开销是多少，其实对经营是缺乏全面了解的。至于哪种酒卖得好，哪种卖得不好，什么时候卖得好，全凭经验和自己是否上心，没有什么分析。戴维提供的数据分析让这些酒吧经营者首先对自己的酒吧有了准确的了解。而且由于数据的时效性很强，经营者可以随时调整促销策略。根据之前帕尔萨教授等人的研究，没有好的促销策略的酒吧和餐馆不可能生存。

其次，为每一家酒吧的异常情况提供预警。比如，戴维可以提示酒吧经营者某一天该酒吧的经营情况和平时相比很反常，这样就可以引起经营者的注意，找到原因。在过去，发生这种异常情况时经营者很难注意到，比如某个周五晚上的收入比前后几个周五晚上少了20%，经营者一般会认为是正常浮动，也无法去一一检查库存是否和销售对得上。有了戴维提供的数据服务，这些问题都能及时被发现。

最后，综合各家酒吧数据的收集和分析，戴维会为酒吧经营者提供这个行业的宏观数据作为参考。比如从春天到夏天，旧金山市酒吧营业额整体在上升，如果某个特定酒吧的销售额没有增长，那么说明它可能有问题。再比如，戴维还可以提供不同酒的销售变化趋势，比如从春天到夏天，啤酒的销量上升比葡萄酒快，而烈酒的销售平缓，等等。这些有助于酒吧经营者改善经营。根据已采用戴维系统的酒吧经营者讲，他们很喜欢的一个功能，就是能够非常准确地提醒酒吧什么时候补货。过去酒吧经营者通常会在某种酒所剩不多时补货，但是由于每一种酒卖的速度不同，而批发商的存量未知，压货和断货的情况其实时有发生。戴维的管理系统能够在较大的范围内监控酒业市场，提供的补货建议也要准确得多。

2013 年，戴维从硅谷几家风险投资基金获得了融资，专注于利用大数据改进传统的酒吧行业。采用他的服务的酒吧，每月大约能够节省 4 000~10 000 美元饮品的成本，而改造酒吧的费用只有 2 万美元左右。

在这个案例中，我们会发现大数据可以让商业行为在准确把控宏观规律的同时，精确到每一个细节，从而提高利润。利用大数据把控好每一个细节，对商业的帮助不仅在于利润的提升，还能改变商业模式，变一次性买卖为细水长流的生意。

中国的金风公司是一家生产风能发电设备的公司，2015 年时，它的风能发电机在全世界的占有率已经排到第二位，这是一个相当好的业绩。但是，金风公司在海外面临着中国制造业企业通常都会遇到的困境，即虽然市场占有率不低，营业额也不少，却没有多少利润。其根本原因在于中国的企业常常只能控制从设计到销售诸多环节中的制造环节，其他环节的收益，特别是在海外市场的零售收入，以及能够持续获得的服务收入，则被外国公司赚走了。不仅金风公司，全世界各大设备制造厂，甚至汽车厂都会遇到这类困局。

在过去要改变这种状况非常困难，否则全世界各大汽车厂在海外也不会如此依赖当地的代理商和汽车销售服务4S店了。企业级的设备采购比汽车销售更麻烦，汽车拿到钥匙就能开走直接使用，而大设备在完成购买之后还需要安装、调试，这些事情常常由工程承包商而非制造商完成。比如，巴西的某个连锁零售百货店要更新1亿美元的计算机和通信设备，它通常会找一个工程的合同商（中间商）来承包整个工程，这样方便设备的运行和维护。这些中间商一方面搭建了制造商和客户之间的桥梁，另一方面在主观或者客观上也阻断了买卖双方的联系。因此，在过去，设备的使用者和制造者之间的联系并不紧密。在生意完成之后，设备使用得怎么样，使用者是否有新的需求，制造商常常一无所知，直到买方有了再次购买的意愿才会通知设备生产厂商来竞标。当然，比较主动的卖家会做一些市场分析，当然这些市场分析很难做到准确。即使像波音和空中客车这种两家就完全垄断了全球市场的公司，对市场的预测也常常是错的。只要读一读波音公司每年向美国证券交易委员会提供的财报就会发现，它对未来一到两年市场预测的准确率只有60%左右。

回到金风公司，以前它虽然卖了不少风能发电机，但是那些发电机用在哪里、使用得怎么样、哪些地区有潜力、哪些地区已经饱和，它所知甚少，对国外的用户更是一无所知。在过去，这些售后服务也不是它们工作的重点。到了大数据时代，该公司的管理层逐步意识到数据的重要性，于是开始转换经营理念，而且还专门到硅谷取经。在此之后，该公司利用互联网，将发电机的各种数据（地点、发电量、运行情况）全部收集到公司，进行大数据分析。这样他们一方面可以全面了解全球的风能分布情况、各地的风力利用情况等宏观信息，有利于公司有针对性地做市场推广；另一方面，他们可以了解每一台发电机日常运行的每一个细节，不仅发电机有了问题可以及时发现并解决，而且如何进一步改进也有了数据依据。这样一来，该公司的经营策略就从依赖市场预测、打价格战等传统的营销手段，提升到成为高质量的服务商，业绩也得到明显的提升。再到后来，它的商业模式也开始发生变化，这一点我们后面还会讲到。

像金风这样的中国企业非常多。我在给一些传统行业的企业家讲课时了解到，在中央空调、工业制冷等很多行业，中国的企业在完成制造和安装后，就和海外客户鲜有联系了，更不用说通过对那些客户的服务了解全球的市场状况。这些企业常常认为获取数据是互联网公司的事情，传统企业难以做到这一点。其实，今天每一家企业都应该把自己当成大数据企业，只要有心，获取数据并不是什么难事，即使在所谓的传统行业里。金风公司所做的尝试或许对很多行业都有借鉴意义。大数据双向流动的特性，精确到商业的每一个细节，并且由此将原来的一锤子买卖变成细水长流的生意；从商业模式上讲，则是将销售变为服务。

利用信息的双向流动，不仅能够帮助我们在商业领域实现大幅度的提升，也能让我们每一个人加速进步。比如，硅谷的 Afficient 公司就成功地利用大数据和机器智能迅速地提升了中学生的成绩。

Afficient 是一家教育机构，学生从小学高年级到高中低年级，和中国的新东方和好未来有点相似，所不同的是它没有授课老师，所有课程都是计算机教授。Afficient 公司的创始人方家元博士是一位非常有经验的教育者和成功的创业者，他之前是加州大学圣克鲁兹分校的教授，曾经以近 2 亿美元的价格将自己的公司卖给了著名的集成电路 CAD（计算机辅助设计）公司 Cadence（铿腾电子科技）。在此之后，他专注于帮助中小学生提高学习的效率。

方博士在辅导自己孩子学习时发现，美国中小学课程中一门要讲授一年的课没多少内容，如果教学得当，资质中等的学生只要 3~4 个月就能学会，而且能达到 A 的水平。那么为什么几乎所有的学校都要花一学年的时间教授同样的内容，而且不少学生还学不好呢？主要是没有因材施教。老师为了照顾大多数学生不得不反复教授，学生可能总是有 10% 的内容搞不懂，取得不了好成绩，而每个学生不懂的内容又不相同，老师就算把重点内容全部复习两遍，还是覆盖不到一些学生的痛点。听课没有学懂还带来一个连带的大问题——学生渐渐失去了学习兴趣。老师们发现，通常一学期刚开始时，学生们成绩差距相对较小，同学们普遍的积极性比较高，但是越学到后来成绩和积极性的差距就越大。

有了上述想法之后，方教授在小范围内对各种水平的学生做了实验。他发现，只要能把每个人不懂的内容讲懂，如果学生已经懂了就让他们快速通过，学生不仅学得快，而且学习兴趣会大增。为了进一步证实自己的想法，方教授还去找了美国几所最著名的私立中小学校的校长和数学、语文（英语）教学组主任确认，他们都同意方教授的看法。于是，方教授就请这些有经验的中小学教育者帮助开发课件，同时自己投资雇用了十几个工程师开发软件，在硅谷地区办起了多家学习中心，接纳愿意前往学习的孩子来学习，而参加学习的人除了有重视教育的亚裔，还有美国人、俄罗斯人、中东人等。大约两年的教学实验证明，绝大部分学生确实可以在 4~5 个月内学完一年的课程，这些孩子要么在学校里跳级，并留出时间学大学的先修课（AP 课程），要么在提高学习成绩的同时，有了更多的时间从事课外活动。

Afficient 公司是怎么做到这一点的呢？简单地讲，它很好地利用了大数据双向流动的特点，然后让智能算法来指导学生学习。

我们知道，任何一门课程，在教学时都要拆成一个个相关联的知识点。这些知识点有的难，有的容易；有的重要，有的相对次要。至于哪些难，哪些容易，对于难的内容怎么讲比较好，就属于教学经验。一些老师经过十几年的教学能够得到这种经验，当然有的老师几十年也总结不出来。但是即便是优秀教师，同一个知识点一般也只有一个固定的讲法，即便一部分同学没有听懂，他也没有条件换一个角度来讲这个问题。

Afficient 公司所做的第一件事和中小学老师没有太大的差别。它找来一些有经验的老师，把一门课拆成相关联的知识点，然后通过计算机自动教学（学生可以去它的学习中心上课，也可以在家远程学习）。对于每一个知识点，学生通过计算机学习完之后，会当场做练习题以验证教学效果，这样 Afficient 就比课堂上的老师更早地了解到每一个学生的具体学习情况。对于学生来讲，Afficient 根据他所回答问题的结果，马上就会知道他是否理解了；如果没有，在线课程会换另一种方式重新讲解这部分内容，然后让学生再练习，直到搞清楚知识点为止。在整个授课的过程中，Afficient 都在不断地记录学生学习的过程，这就完成了从个体到整体数据的收集。

在得到数据之后，Afficient 会分析信息，从一门课所有学生做作业的情况，了解学生的整体情况和课程的整体情况，这样那些优秀教师需要通过十几年才能总结出的教学经验，计算机很快就学会了。它还可以局部改进课程的教学方法，包括把学生普遍难以理解的地方换一种方式讲清楚。对于每一个参加学习的同学来讲，通过对比这个学生和班上其他同学的表现，Afficient 逐渐对每一个学生进行个性化的教学和辅导。Afficient 根据学生一两周的表现大概能够知道他的学习能力如何、课外时间有多少，然后根据不同水平和资质的学生，会把一学年的课程按照不到四个月直至六七个月不等的时间教完。这个进度完全由教学软件把控，无论是学生自己还是辅导老师都无法人为干预，学生也不能跳过该知识点的学习内容，他们必须在每一个知识点上达到 97% 的成绩，才能进入下一个知识点。这种策略就如同我们在前面讲的，老师和学生都把一部分控制权交给了人工智能。

由于这种教学方法“不炒冷饭”，不留那些过于简单、浪费时间的作业，教学的速度很快。每一个阶段的课程结束后，Afficient 会给不同的学生布置不同的作业。作业的重点是帮助学生攻克那些对他来讲是难点的知识点。通过这样的练习，学生在进入下一个知识点之前不存在学不懂的问题，因此，学生普遍在一两个月之后，进步反而开始加速了，这和过去学生越学越难形成鲜明的对比。

Afficient 的成功，固然有那些经验丰富的老师的贡献，但是更多的是靠大数据。一方面，它从每一个学生身上获取信息，迅速改进教学方法，调整练习的内容；另一方面，它将从很多学生那里得到的信息用于指导未来新的学生，能够更好地为他们做学习规划。当然，和前面所讲到的亚马逊、奈飞等公司一样，Afficient 的这种在线教学方式使它有条件将个性化教学落地，而在教室里传统的授课方式做不到这一点。

讲完了数据流动对时效性和个性化的益处，我们再来看看完备性能够带来什么奇迹。

重新认识穷举法

在商业上，大数据不仅便于掌握大局和每一个具体细节，而且改变了人们开发产品和解决问题的思路。这些做事方法的变化在很大程度上是大数据的完备性带来的。

在我们的认识里，穷举法在工作中并不是一个好的方法。首先，在大多数情况下，我们无法穷举所有的情况；其次，即使在一些场合能够穷举出各种情况，这种方法也被称为笨办法，用穷举法会被人瞧不起。以笛卡儿和牛顿为代表的方法论都在强调寻找一种普遍规律，然后用数据来验证。一旦这种普遍规律被找到，它就一劳永逸地解决问题。当然，当过去认为是普遍适用的规律遇到意外时，人们会找到相应补救的规律。但是，不论我们找到多少新的规律来处理那些不常见的意外情况，可能还会有意外发生，这种工作方式到后来就变得效率非常低了。当我们所找到的规律只能覆盖不常见的个案时，这种方法其实就和穷举法差不多了。既然如此，我们可能需要重新认识穷举法这种笨办法，或许在大数据时代它并不像想象中的那么笨。

下面是我在谷歌遇到的一个实际案例，从这个案例中，大家可以看出我们在研究和开发工作中方法的变化。当然，这个变化是基于我们有非常多的数据和非常强大的计算能力。

网页搜索最早是用关键词索引查找的，这很容易被想到。但是在欧洲语言中，用词受限于时态、语态、性别（阳性和阴性），[①] 同一个意思在不同上下文可能用了不同的拼写。因此，严格按照关键词匹配，例如查找时使用单数名词，就可能找不到有复数名词的内容。当然，这也难不倒工程师，大家很容易地就想到了把意思相同的词归为一类，按照类别来查找，而归类最简单的方法就是采用词干（stem，有时也叫作词根）。比如，“计算”一词的动词形式在英语中是 compute，变化形式是 computed、computing computes 等，名词形式是 computation，形容词是 computed，“计算机”是 computer、computers……这些都可以对应一个词干 comput。如果用 comput 查找，似乎比用每一个单独的衍生词（compute、computer、computation 等）更合理。这个想法几乎在一有文献搜索时就有人想到了，可以追溯到 40 多年前，但是奇怪的是直到 2003 年，在真正的产品中都没有

① 在拉丁语系的语言中，比如西班牙语，不同性别使用的名词、定冠词甚至动词都是不同的，这种情况比在英语中的要复杂得多，在中文里用词基本没有性别的区分。

使用这种方法。自从有了互联网和网页搜索，不断有人尝试用这种方法改进搜索质量，但是发现它带来的问题和好处同样多。比如在搜索计算机产品时，单数名词 computer 和复数名词 computers 是等价的，但是如果我们说 computer science（计算机科学）时，就不能用复数 computers 取代 computer 了。在前一种情况下，使用词干是合情合理的，而后一种情况就会找到一些不相干的结果。因此，无论是学术界还是工业界，在进行了多年尝试后，都先后放弃了上述想法。

是否有办法确定在什么情况下应该使用词干搜索，在什么情况下必须严格按照关键词的原型搜索呢？对于具有较高语言水平的人，实际上是能够做到这一点的，但是要让计算机做到这一点就很困难。因为在什么情况下可以让一些近义词相互替换，什么情况下不可以，并非几条规则就能够写清楚的，也不是简单地使用一个概率模型就能估摸出来的。在很多时候，它们都需要按照个例来处理（case by base），或者说随时按照具体情况做具体分析。至于这些具体情况有多少种，基本上讲，亿万用户能够想到的每一种搜索关键词组合都是一种情况。在大数据时代之前，没有人奢望有一种方法能够把这么多情况一一考虑到，但是在大数据背景下，列举每一种（常见）情况，并且有针对性地做出不同的处理，则成为可能。

2003 年，在谷歌内部，辛格博士和我等 4 个人，再一次尝试使用词干进行搜索，尽管我们知道前面有很多人尝试失败。与之前其他人不同的是，我们找到了一种方法，能够对每一种关键词的组合做专门处理。比如，我们知道在什么情况下动词 compute 和 computes、 computed、computing，甚至和名词 computer 或者近义词 calculate、estimate 是同义词，可以混为一谈，什么时候必须严格分开。也就是说，对于每一次搜索我们都能找到最好的匹配方式。谷歌在 2003 年一整年中，搜索质量的改进一半是靠这个方法。至于我们是怎么做到的，说起来可能会显得很没有技术含量。我们事先把多年来用户搜索过的关键词搭配都整理出来，然后在 2003 年美国独立日的长周末期间（有 4 天的假期），我们停掉了公司当时 5 个最大的数据中心中的一个，利用 4 天时间对每一个关键词的搭配做了特殊处理。这实际上就是一种穷举法。谷歌的优势在于它有足够的数据和计算能力用“笨办法”把每一种搜索事先试一遍，而这一点大部分公司做不到。当然有人会问，如果将来遇到过去没有见过的新的关键词怎么办，办法也很简单，第一次遇到它时，用户只能认倒霉，搜索引擎只能按照旧的搜索方法给出结果；但同时，计算机会离线地把这个关键词处理一遍，这样以后别人再搜索这个关键词时，就可以使用针对它的特定搜索方法进行搜索了。

在这个案例里，我们看到大数据思维改变了我们的做事方式，因为过去被看作笨办法的穷举法变成了可行的方法。更为颠覆我们思维方式的是，穷举法可以方便我们对特殊情况做特殊处理，这反而是过去那些放之四海而皆准的机械思维做不到的。

通过这件事我们也能进一步体会大数据完备性的特点。在过去，统计学家一直试图寻找好的采样方法，以便在有限的样本中找到尽可能全覆盖的规律，但是在大数据时代，这些努力都不需要了，因此样本集可以等于全集。另外，我们还可以从这个案例中看到大数据时效性的特点。对于新的、过去没有见过的情况，谷歌的服务器反应非常及时，即在第二次就能把新鲜的数据提供给用户使用，这在大数据时代之前也是做不到的。

如果谷歌搜索的例子对很多非 IT 行业的读者来说还不够直接，谷歌自动驾驶汽车则是一个利用大数据思维解决问题的极佳案例。

谷歌的自动驾驶汽车可以算是一个非常聪明的机器人，因为它可以像人一样控制汽车，识别道路，并且对各种随机突发性事件快速做出判断。如果单从驾驶的安全性来看，它的表现甚至超过了人。从有做自动驾驶汽车的想法开始，到研制出让人眼前一亮的原型车，谷歌只花了 4 年多的时间，这让全世界大吃一惊，其震惊程度不亚于当年深蓝战胜卡斯帕罗夫。其原因是，在所有专家看来，自动驾驶汽车这件事太难了，而谷歌在这个领域进步的程度超出了最乐观的专家的最大胆的想象。

在谷歌之前，全世界的学术界已经花了几十年时间来研制自动驾驶汽车。20 世纪 90 年代初，在清华大学上班和上学的人或许还能记得，在学校的主楼前一条几十米长的弧形马路上时常有人在试验自动驾驶汽车。在我和我同学的印象中，那辆车的时速只有每小时一两公里，在无人干涉的情况下自动行驶的距离从来没有超过 100 米。这显然和实用性相差太远，当然后来清华大学也放弃了这个尝试。

世界上其他大学和研究所在这个领域的进展也快不了多少。在 2004 年，美国国防部高级研究计划局（Defense Advanced Research

Projects Agency，简称 DARPA）组织了世界上第一届自动驾驶汽车拉力赛。由于当时各个研究团队水平都不高，因此比赛不敢在真正的道路上进行，而是选择了 150 英里（约 240 千米）长的废弃道路。不过后来的结果表明，根本不需要准备这么长的赛道，因为最终取得第一名的汽车花了几个小时才开出 8 英里（约 13 千米），然后就抛锚了。至于其他参赛汽车，不是提前抛锚了，就是撞坏了。

恰巧也是在这一年，经济学家弗兰克·列维（Frank Levy）和理查德·默南（Richard Murnane）出版了《劳工新种类》（*The New Division of Labor*）一书，在书中他们列出了一些在近期内不会受到技术进步威胁的工作，其中货车司机的工作赫然在列。列维和默南在写书时并不知道 DARPA 拉力赛的结果，他们的判断是根据自己当时对科技进步的了解而做出的。在作者给出的很多理由中，很重要的一条是这样说的：计算机善于执行事先制定好的规则，解决确定性问题，而驾驶汽车会遇到很多不确定性，并非规则能够解决的，需要实时做出聪明的判断。这两位经济学家认为，处理不确定性问题的能力是人所特有的，机器暂时不会具有这个能力。

但是，就在 DARPA 拉力赛过去仅仅 6 年之后的 2010 年，谷歌就研制出了自动驾驶汽车，并且已经在从闹市区到高速路的各种道路上行驶了 14 万英里（约 22.5 万千米），没有出一次事故。[①] 为什么谷歌能在如此短的时间里做到这一点呢？除了它聘用了在这个领域世界上最

① 有一次交通意外是自动驾驶汽车被其他车辆撞了。

好的专家，即几年前获得自动驾驶汽车拉力赛第一名的卡内基·梅隆大学的团队，以及采用了当时最好的信息采集技术，从激光雷达（ladar）到高速摄像机再到红外传感器等，最根本的原因是谷歌采用了和其他研究单位不同的研究方法——它把自动驾驶汽车这个看似是机器人的问题变成了一个大数据的问题。

首先，谷歌自动驾驶汽车项目其实是它已经成熟的街景项目的延伸。对谷歌自动驾驶汽车的各种报道通常都会忽视一个事实，那就是它只能去谷歌“扫过街”的地方。对于这些已经去过的地方，谷歌都收集到了非常完备的信息。比如，周围的各种目标的形状大小、颜色，每条街道的宽窄、限速，不同时间的交通情况、人流密度等，谷歌都事先处理好以备未来使用。因此，自动驾驶汽车每到一处，对周围的环境是非常了解的，它可以迅速把这些数据调出来作为参考。而过去那些研究所里研制的自动驾驶汽车使用的是人的思维方式，每到一处都要临时识别目标，这样即使所搭载的计算机再快，也来不及进行太深入的计算，因此无法做出准确判断。

其次，自动驾驶汽车上装有十多个传感器，每秒钟进行几十次的各种扫描，这一方面超过了人所能做到的“眼观六路、耳听八方”，同时大量的数据要在短时间内处理完，计算的压力是非常大的。谷歌的自动驾驶汽车是通过移动互联网与谷歌的超级数据中心相连接，虽然它本身携带的计算机不过是一台简单的服务器，但是整体的数据量和计算能力要远远超出过去其他公司和大学那些自动驾驶汽车上面所携带的计算机。

最后，我们人开车，常常是根据周围情况临时做出判断，遇到死胡同，转弯掉头再找其他道路。谷歌拥有一套最好的全球地图数据，它的自动驾驶汽车不仅行驶的路线大部分是事先规划好的，而且对各地的路况以及不同交通状况下车辆行驶的模式有准确的了解，因此它可以规避很多不必要的麻烦。当然，如果开到了事先（扫街汽车）没有去过的地方，自动驾驶汽车常常会无计可施。

2016 年初，谷歌自动驾驶汽车在道路上安全行驶了 200 多万英里（约 320 多万千米）之后，终于出了第一起负主要责任的交通事故。出事的原因与其说是它的判断出了问题，不如说是数据的缺失。出事的那辆汽车在道路上检测到一个 5 千克大小的小沙袋，那种沙袋一般是家庭用在院落的水沟旁防止洪水的。一般司机遇到这种情况就直接压过去了，但是谷歌自动驾驶汽车没见过这个东西，因此试图换道绕过去，而那辆车并没有方向盘，乘客也无法人为控制方向，结果出了一次小事故。

我们讲这件事情，并非想要讨论自动驾驶汽车的产品设计是否应该允许人能够控制它，也不是讨论它是否安全（事实上它比人开车安全得多），而是从反面证明这是一个利用数据获得智能的典型案例。今天的很多智能产品和服务，可以说没有数据就没有智能。2016 年底，谷歌将其自动驾驶汽车部门变为独立的子公司 Waymo，一年后，Waymo 在美国开始了自动驾驶出租车的试运营。我在此前询问过参与研发的工程师，从 2010 年到 2016 年这 6 年间，谷歌在这个领域主要的成就是什么？为什么看上去进步速度没有第一个 6 年快？他们告诉

图 5–11　谷歌自动驾驶汽车（注意：里面没有方向盘）

我，第一个 6 年（其实是 4 年时间）是从 0 做到 99%，第二个 6 年是从 99% 做到 99.99%，而这后面两个 9，一方面靠的是各种机器学习技术的提升，另一方面则是靠一个半数量级数据的积累。

在自动驾驶汽车领域，谷歌在数据上的优势是大学和各个研究机构所不具备的。即使是全球著名的汽车公司，包括丰田、大众和美国通用，过去也不具备如此多的数据。因此，它们虽然在自动驾驶汽车研制方面早起步几十年，但是很快就被谷歌超越。另外，计算机学习“经验”的速度远远比人快得多，这也是大数据多维度的优势，因此谷歌自动驾驶汽车的进步才能如此快。这并非说明谷歌的科研能力超过了过去那么多大学、研究机构和公司的总和，反而体现出大数据的威力，以及采用大数据思维的重要性。2010 年之后，世界上出现了很多自动驾驶汽车公司，包括一些大跨国汽车公司参与的合资公司，它们进步的速度也非常快，主要的原因是采用了新的思维方式。

从历史看技术与产业

在历史上，一项技术带动整个社会变革的事情也曾经发生过。它们通常遵循一个模式，即：

原有产业 + 新技术 = 新产业

那些有意或者无意接受了这个规律的企业家，常常在新的时代又站到了浪潮之巅。

近代第一次带来全社会变化的技术是以蒸汽机为核心的动力革命。在瓦特发明万用蒸汽机之后，很多有上千年历史的古老行业，使用蒸汽机之后摇身一变成为新产业。

现有产业 + 蒸汽机 = 新产业

瓷器在蒸汽机诞生之前已经有近千年的历史了，[①] 而且一直供不应

① 关于瓷器的诞生时间，专家们说法不一，从汉末三国到后唐五代的说法都有。不过瓷器真正成为中国重要的产业是从北宋时期开始的。关于瓷器历史更多的内容，读者朋友可以参阅拙著《文明之光》。

求。但是自从瓦特和博尔顿在月光社的朋友韦奇伍德开始采用蒸汽机生产瓷器后，这种一度被誉为“白色黄金”的商品就在全球范围内变得供大于求了，而且瓷器的用途也从盛器和装饰品扩展到各行各业。英国巴拉斯顿（Barlaston）的韦奇伍德博物馆依然保留着早期使用蒸汽机以及使用蒸汽机制造瓷器的各种设计文档。韦奇伍德公司在它的历史回顾中写道，它不断将新技术应用于制造。

图 5–12　韦奇伍德瓷器博物馆中的蒸汽机

纺织业的历史比瓷器还要长得多，几千年来这个行业一直是一家一户式的小手工业。英国的纺织业在蒸汽机出现之前已经有了很大的发展，靠水能驱动的各种纺织机在 19 世纪之前是高科技产品，它的生产效率比东方纯粹手工的纺织机要高很多。但是，在那个年代，英国的纺织品并没有多到要向全世界倾销。等到蒸汽机用于纺织业，情况就不同了，英国需要打开东方市场才能消化全部的产能。当最终那些洋布卖到中国和印度之后，当地几千年来传统的家庭纺织业在短短的 100 年里就消失了。从此，全世界的纺织业被重新定义，各个迈向工业化的国家开始建纱厂、织布厂，一时间纺织业成了工业化进程中的全新产业。

运输业的历史几乎和人类的文明史一样长，可以追溯到美索不达米亚的苏美尔文明时期。相比陆路运输，水路运输的能力要大得多，因此航运占了运输总量的大部分，为此中国还修建了大运河。从苏美尔文明开始，帆船就是运输的主要工具，到了 18 世纪，西班牙、荷兰等积极参与航海的国家，把大帆船技术推向了一个顶峰。在那时，大帆船是最可靠、最便捷的长途航运工具，当然也是高科技产品。但是当蒸汽机被应用在轮船上之后，大帆船就退出了历史舞台。类似地，在陆路运输方面，火车取代了马车，成为客运和货运的主要工具。一个崭新的运输业就此诞生了。

至于蒸汽机在工程方面的作用就更大了，世界上大规模建设城市和港口就始于那个时期。港口的建设后来帮助英国把工业品卖到全世界。

就在英国人开始采用蒸汽机改造这些产业时，它的 GDP 还远比不上传统的经济大国中国。但是在广泛使用蒸汽机的同时，英国实际上按照以下思路重新定义了很多产业：

现有产业 + 蒸汽机 = 新产业

这一思路使英国把各个古老文明都甩在了后面。中国虽然在洋务运动之后开始使用蒸汽机，并且开始学习使用新技术，但是在思维方式上一直没有推广当时最先进的机械思维，还是坚持“中学为体、西学为用”的落后思想。

需要指出的是，英国当时并不是每一个工厂都在制造蒸汽机。制造蒸汽机的是非常少的几个工厂，大部分工厂是使用蒸汽机改造原有的产业。

现有产业 + 电 = 新产业

到 19 世纪末，电的应用改变了世界。其发挥作用的方式和蒸汽机有相似之处，也有不同的地方。相似之处在于，它也是靠单点突破，带动社会的全面变革。但不同之处在于，电的使用所带来的不仅是一种取代蒸汽能量的动力源，还是一种新的生产和生活方式，因此它催生了很多看似新的产业。从宏观角度看，电的使用导致了人口高密度的大都市的出现。因为电梯的出现，人们可以把楼盖高，公共交通（有轨和无轨电车，地铁，等等）的出现可以把城市拓宽。西方各国的大都市都是在 19 世纪末 20 世纪初形成的。

电对世界的巨大影响还在于各种电器的发明，它们导致了新产业的出现。比如，以电报和电话为核心的通信产业就是在那个时期奠定的基础，今天它是全球最大的产业之一。留声机、电影和后来收音机的发明，导致了大众娱乐产业的出现。至于电灯、电动机、电炉等依靠电能工作的电器，作用就不用赘言了。因此电改变的不仅是经济，还改变了国家的政治形态、生活方式和社会结构。电本身还有一些特殊的性质，比如正负极性，对这些性质的利用可以让物质发生化学变化，比如将化合物变成另一种化合物或者单质。这样电的使用就伴随着很多新产业的出现和革命，比如电彻底改变了冶金业。[①]

此外，电也是化学工业的催化剂。在 19 世纪，化学有了突飞猛进的发展，但是几乎所有成就都是在实验室里，人类还无法大规模地生产化工产品。电的使用，让化学从实验室走向产业化。从化肥到农药，从人造纤维到各种生活用品，从建筑和装修材料到油漆涂料，没有电，今天我们使用的大部分化工产品就制造不出来。电的使用创造出今天产值高达 3 万亿美元的化工产业。

不过，如果我们深究一下上述新产业的历史渊源就会发现，其实很多所谓的新行业在电出现之前就已经有了，比如建筑业、交通运输业、娱乐业、冶金业，在使用电之后，这些行业发生了质的变

① 冶金业虽然是人类最古老的行业之一，但是在没有电之前，人类只能生产很少几种金属（金、银、铜、铁、锡和铅等）和合金（青铜），而且一般都很难做到精纯。法国皇帝拿破仑三世是一个喜欢奢华的人，他常常大摆宴席。宴会上，客人的餐具是用银制成的，而他自己却用铝制品，因为当时冶炼铝十分困难，铝的价格比黄金高昂得多。有了电之后，人们发明了电解铝的制造方法，铝的价格就跌到了我们今天说的白菜价，也正因为如此，铝才能够被广泛地应用于各行各业。即使是人类最早使用的金属铜，在过去的几千年里，人类使用的都是粗铜，如果用来做导线，不仅电阻比较大，而且容易折断。而真正的精铜，也需要靠电解才能获得。至于其他各种金属和合金的制造，则更离不开电了。有了这些合金，才有了后来的航天和航空工业。

化。但是，如同工业革命并不需要所有使用蒸汽机的工厂都制造蒸汽机一样，在整个 19 世纪，美国主要供电的公司只有两家，即通用电气（GE）和西屋电气，而使用电、得益于电的公司却有千千万。类似地，在当时第二大工业国德国，发电的也只有西门子和德国电气总公司两家。电带来了第二次工业革命，因此我们不妨把这个时代总结成：

现有产业 + 电 = 新产业

现有产业 + 摩尔定律 = 新产业

二战后，信息技术带来了新的产业革命。信息革命其实有两方面的革命，首先是创造了一批与信息的产生、传输和处理有关的产业，比如电视和传媒、通信、卫星，以及与信号处理相关的产业，比如军事上的雷达、地质上的遥感等，这些都是很大的产业。另一方面，原有的很多产业在使用计算机之后产生了本质的变化，形成了全新的产业。在过去的半个世纪里，很难找到哪些产业没有受到计算机的影响。我们不妨看两个看似与信息技术的关系不是那么密切的行业——金融业和农业，来体会信息革命对全球经济和社会的影响。

银行业是一个非常古老的行业，但是在过去几百年里，它并没有本质的变化，存取钱和借贷都必须去银行，因此银行的大小取决于其营业网点的多少。从欧洲文艺复兴时期银行业的先驱美第奇家族，到后来犹太银行家的代表罗斯柴尔德家族，再到后来美国银行业的代表、洛克菲勒支持的花旗银行都是如此。它们需要花几代人的时间走到（它们所能触及的）世界各地，但是即便如此，在它们已知的世界中，也有99%的人无法使用它们的金融服务。跨行的交易成本非常高，而且非常麻烦，因此人们旅行时不得不携带现金或者旅行支票。

与银行业相关的其他金融领域也是如此。比如在1971年纳斯达克诞生之前，交易股票需要去交易所，或者打电话给中间商（broker）才能进行。更重要的是，他们常常交易的是真正纸质的股票。在交易中，报价是类似几百年前拍卖式的讨价还价过程。直到2000年，美国纽约证券交易所（简称纽交所）的交易价格还遗留着拍卖报价的痕迹，即买卖双方在讨价还价时以一美元、半美元、四分之一美元，直到十六分之一美元为基数进行。由于这种出价方式买卖价差巨大，因此在那个年代，高盛和摩根士丹利等券商的主要收入来自交易费，每一笔交易的手续费都在100美元以上。

但是，计算机的使用彻底改变了这个行业。计算机网络的发展和自动取款机（ATM）的使用使银行营业网点很容易部署到全世界。从20世纪70年代开始，工业化国家陆续实现了不同地区之间的跨行存取，甚至跨国存取。储户只要在一个稍微有点规模的银行开户，就可以在世界（除非洲之外）大部分地区使用存款。因此银行很容易把业务拓展到全世界。中国的招商银行成立于1987年，仅仅过了10年，它就成为全国性的银行，又过了10年，它在全世界除非洲之外的各大洲开办了分行或者办事处。相比花旗等老一代银行，这样的发展速度是惊人的，这一切得益于信息革命。今天，人们已经无法想象全世界的银行如果彼此不联网是多么不方便，可以说有了计算机的银行业和过去几百年的银行业已经完全不同了。

类似地，证券交易也发生了根本性的变化。1971 年美国的全国证券交易商协会推出了自动报价系统，这套系统的英文全称为 National Association of Securities Dealers Automated Quotations，简称 NASDAQ，即我们常说的纳斯达克。纳斯达克和纽交所不同，交易者不需要再到交易所，而是通过网络和电话进行交易，交易的报价方式也是我们今天熟知的精确到一美分的方式。由于在纳斯达克上的交易完全是电子化的，纸质的股票便被淘汰了。[①] 纳斯达克的报价方式显然比纽交所方便，于是在经历了两种报价方式共存之后，纽交所放弃了上百年的传统开始向纳斯达克靠拢。纳斯达克的诞生使得一般的股民很容易通过折扣代理商（富达、先锋等证券商）自己交易股票，单笔交易的手续费只要 5~10 美元。这进一步改变了美国券商市场的格局，一方面让嘉信理财（Charles Schwab）这样的折扣代理商崛起，另一方面让高盛和摩根士丹利等高端代理商从股票交易转向理财业务。

如果我们把证券行业和 IT 行业做类比就会发现一个有趣的现象：在纳斯达克出现之前，券商好比是生产大型设备的 IT 公司，它们每一笔交易都可以获得丰厚的利润，这就如同 IT 公司当时每卖出去一

① 今天投资者依然可以要求上市公司提供纸质股票，但是没有人这么做。

件产品，就可以挣很多钱一样。但是，后来低端的券商靠价格优势抢了高端券商的生意，逼着高端券商从事理财这样的金融服务，就如同亚洲制造的计算机公司靠价格优势逼着 IBM 和惠普从事 IT 服务一样。从这个趋势可以看出，各种服务在信息革命之后变得越来越重要。

农业是另一个看似和计算机关系不大的产业。在几千年的历史长河里，这个产业变化非常缓慢。但是这种情况在过去的 30 年里得到了根本性的改变。比如，农民不再像过去那样自己育种，而是从种子公司购买种子，而种子培育的背后用到了大量的信息技术作为支持。作为全球最大的种子供应商之一的孟山都公司也因此由一个化工企业变成了一家生物公司，2017 年它的年收入为 146 亿美元，利润却高达 80 亿美元。相比之下，美国每年的农业收入才不过

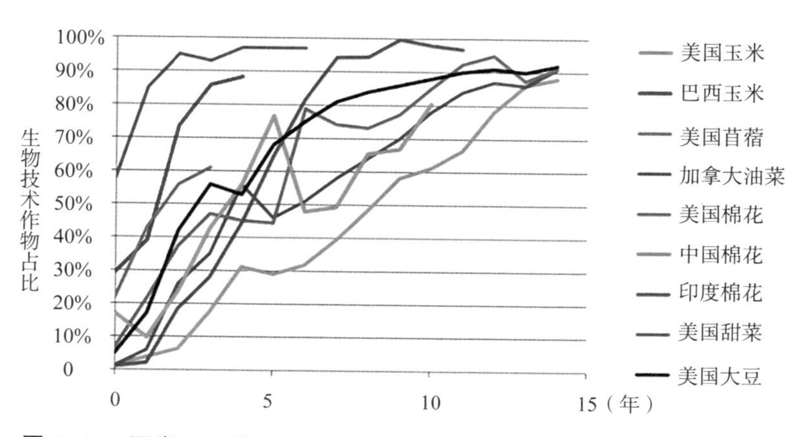

图 5-13 通常，一种新的农作物种子被孟山都告诉研发出来，在 15 年内便会占据全球 80% 以上的农产品市场

1 200 亿美元。[①] 如果我们对比一下农业的这种模式和 19 世纪末美国使用电力的模式就会发现，孟山都等公司在某种程度上起到了通用电气和西屋电气的作用，而大量的农民所扮演的角色其实相当于 19 世纪末每一个使用电力的公司。这些农民和农场主在有了孟山都之后，不再为种子发愁，就如同一个世纪前的工厂主在有了电力之后，不再为动力发愁一样。而在农产品市场上，采用传统农产品种子的农民很难和采用孟山都种子的农民竞争。就这样，农业这个最古老的产业在计算机时代被彻底改变了。

在 1965 年摩尔博士提出了摩尔定律的半个世纪时间里，计算机处理器和存储器的性能分别提高了 2 000 万倍和 10 亿倍，价格却在不断地下降，以至它可以被应用到各行各业，以及生活的方方面面。改革开放之前，没有计算机，中国的国民经济几乎不会受任何外在影响。今天就不同了，没有计算机是无法想象的事情，哪怕它们只有一天不工作，中国的城市也将全面瘫痪。人们会无法出行，因为无论是私家车还是公共交通，都要靠计算机才能工作。即使我们可以步行或者骑自行车出门，也进不了办公大楼，因为大楼的门禁也是用计算机控制的。如果砸开了门进入大楼，那么也不得不爬十几层到几十层楼才能进办公室，因为电梯也是由计算机控制的。上班办公更是离不开计算机，没有计算机，整个通信系统会瘫痪，我们也无法和外界取得联系。因此，可以毫不夸张地说，我们今天的生活已经完全依赖于计

---

① http://www.bloomberg.com/news/articles/2013-08-27/u-s-farm-income-for-2013-seen-at-record-120-6-billion.

算机了。

在过去的半个世纪里，世界的进步背后最根本的动力可以概括为摩尔定律的应用，或者说是数字化。今天的大部分产业在二战后就已经存在了，但是无论什么行业，加上摩尔定律，就形成了一个新产业，我们可以把这个时代经济的特点概括为：

现有产业 + 摩尔定律 = 新产业

与前两次工业革命类似，虽然信息革命的代表产品是计算机处理器，但是并不需要每家公司都生产处理器，甚至不需要每家公司自己开发软件。今天大部分公司使用的处理器只有两个系列，即英特尔 x86 系列（加上超微半导体 AMD 公司的兼容产品）和英国 ARM 公司设计的 RISC（精简指令集）处理器。因此，计算机实际上可以被看成是一种资源，而大部分公司需要做的只是使用好这些资源而已。

我们回顾过去是为了展望未来。今后，由大数据引发的智能革命也将是以一种与前面几次技术革命类似的方式展开，如果我们用两个简单的公式来概括，那就是：

现有产业 + 大数据 = 新产业

现有产业 + 机器智能 = 新产业

技术改变商业模式

历次技术革命除了缔造新产业之外，还不可避免地会带来商业模式的变化，进而导致社会生活方式的变化。

在工业革命之后，全世界从过去的物质生产供不应求，逐渐变成了供大于求。瓷器商人持续了几个世纪的好日子在蒸汽机用于瓷器制造后便一去不复返了。为了方便瓷器的销售，英国瓷器商人韦奇伍德在伦敦开办了瓷器展示店，这成为后来高端产品专卖店的前身。与此同时，由于纺织品价格下降，服装等商品采用机器生产，价格跟着大幅下降，人们由自己在家手工制作衣服，变成直接购买制成品。其他行业和瓷器行业、服装行业情况类似。1851 年，第一届世界博览会在英国伦敦郊区召开，这实际上是英国在向全世界展示它丰富的工业品。从那以后，世博会逐渐成为一种商品时代的传统，延续至今。

在第二次工业革命中，电的使用又一次改变了商业模式。现代传媒和通信业的兴起是电普及的直接产物。有了这些通信和传媒手段，厂家和顾客之间有了顺畅的信息交流渠道，产品的营销则从过去口碑相传、实体店展示这种被动的形式，变成了采用广告主动宣传。全球性品牌在这个时期开始诞生，它们开始逐渐垄断全球市场。由于任何产品都可以很容易地被买到，工厂不需要从零件开始做自己的产品，产业链开始形成，工业标准化成为必然。当然也就是在这个时期，大量本土的、地方性的品牌和产品消失了。同时，由于商品进一步供大于求，工业化国家必须依靠消费拉动经济增长，整个社会的消费价值观也开始发生变化。

在信息时代，商业模式的变化更加明显，它突出地表现在两个方面：一是产业链从一种产品扩展到整个 IT 行业，二是服务业的重要性突显出来。

我们先来看看 IT 产业链的形成。之前我们盛赞摩尔定律给我们带来的好处，但是它也带来了一个问题，那就是让很多电子产品，尤其是与计算机相关的产品（比如个人计算机、DVD 机、电视机和手机等）的价格持续下降。这对消费者看起来是福音，但是对生产厂家来讲就是灾难，因为一旦出现这样明显的通货收缩，就不会再有消费者急于购买新产品了，这和消费拉动经济增长的格局是相违背的。为了解决这个根本性矛盾，就需要将整个 IT 行业整合成一条大的产业链，这条产业链可以被概括为“安迪 – 比尔定律”。

图 5–14　比尔·盖茨（左）和安迪·格鲁夫（右）

安迪–比尔定律的原话是："比尔要拿走安迪所给的。"（What Andy gives, Bill takes away.）这里面的安迪是个人计算机巅峰时代英特尔当时的 CEO 安迪·格鲁夫，比尔则是大名鼎鼎的比尔·盖茨，他当时是微软公司的 CEO。这句话的含义是，在计算机领域，软件功能的增加和改进要不断地吃掉硬件性能的提升。经历过个人计算机发展或者智能手机历程的人对这一点都会有亲身体会。虽然今天我们的个人计算机比 1981 年 IBM 推出的个人计算机（CPC）快了 2 万倍左右，但是我们并没有觉得它有那么快，因为微软操作系统使用的计算和存储资源比 30 年前要多得多，给人的感觉是它吃掉了所有硬件性能的提升。

安迪–比尔定律看起来是以盖茨为代表的软件公司在和用户做对，但是，如果没有这些软件公司提供新的功能或者不断改进现有的功能，整个计算机产业就会缺乏发展的动力。安迪–比尔定律反映出计算机工业的整个生态链：以微软为代表的软件开发商吃掉硬件提升带来的全部好处，迫使用户更新机器，让惠普、戴尔和联想等公司受益，而这些 PC（个人计算机）整机厂商再向英特尔这样的半导体公司订购新的芯片，同时向希捷（Seagate）等外设厂商购买新的外设。在这个过程中，各家的利润先后得到相应的提升，股票也随之增长。各个硬件半导体和外设公司再将利润投入研发，按照摩尔定律预定的速度，提升硬件性能，为微软下一步更新软件、吃掉硬件性能做准备。

从上述产业链中我们可以看出，主动的一方不是各种看得见、摸得着的工业品生产商，而是提供软件和服务的一方。正是出于这个原因，微软成为个人计算机时代最成功的公司，而曾经以生产计算机为主的 IBM 则坚决地进行了转型，将主营业务从制造计算机转向提供软件和技术服务。20 世纪 90 年代，IBM 传奇般的 CEO 郭士纳（Louis Gerstner）敏锐地觉察到摩尔定律将导致 IT 行业的格局发生巨变，因此为 IBM 找到了一个至今依然有钱赚的商业模式——IT 服务。人类对服务的需求总是有的，而且随着科技的进步，人们对服务的要求越来越高，因此它的利润就有保障。事实证明，20 多年前郭士纳主导的 IBM 转型是走对了，而和 IBM 同时代的其他计算机公司，绝大多数要么关门，要么被并购。

摩尔定律和安迪 – 比尔定律到了智能手机时代照样适用，只不过安迪变成了 ARM（手机芯片），而比尔变成了安卓（操作系统）。2018年，华为的Mate20手机速度超过2008年第一款安卓手机上百倍，但是你并不会感觉手机在这 10 年间在速度上有这么大的进步，因为今天的软件比当年消耗的资源要多得多。2008 年的安卓手机几乎没有图像处理功能，拍照只是简单的信息记录，而今天的华为、三星、苹果或者谷歌 Pixel 手机，每一次拍照之后都要对图像进行大量的后处理才会输出给你，有时它们其实是一次拍很多张照片再合成出一张漂亮照片，因此很大一部分计算功能都花费在这种功能上了。如果你还使用 10 年前的手机，想完成上述拍照功能，根本做不到。于是大家不得不经常购买新手机，这就是软件的功能吃掉硬件进步所带来的商业结果。

通过上述对历次技术革命中商业模式变迁的分析，我们可以得到三个结论。

首先，技术革命导致商业模式的变化，尤其是新的商业模式的诞生。

其次，生产越来越过剩，需求拉动经济增长的模式变得不可逆转。同时，单纯制造业的利润越来越低，那些行业越来越没有出路。相反，人们对服务的需求越来越强烈。在 IT 时代，唱主角的公司逐渐从制造设备的 IBM、DEC、爱立信、诺基亚和惠普等公司，变成了提供软件和服务的微软、甲骨文和谷歌等公司。每当新的服务出来之后，就能吃掉硬件进步所带来的红利，然后促使消费者购买新的产品。

最后，商业模式的变化既有继承性，又有创新性。工业革命导致产品需要靠推销才能卖出去，第二次工业革命导致广告业的兴起，推销的方式从展示变成了做广告，而这两者之间是有联系的。作为创新的一方面，第二次工业革命导致商业链的出现；到了信息时代，商业链得到了发展，这是继承性的一面；而服务业的重要性突显，这是其创新性的一面。

在大数据时代，IT 软件和服务业依然会是 IT 领域最好的行业，而且这个趋势将更加明显。提供服务虽然不像销售产品一次能挣比较多的钱，但是细水长流的技术服务最终会给这些服务的提供者带来更长久的生意、更多的利润。我们在接下来的章节里还会看到，大数据和智能不仅让 IT 产业的服务变得容易，也会让一些过去没有条件开展服务的产业更新换代，比如家电制造产业。更广泛地讲，在未来，现有产业和新技术的结合将缔造出新的产业。

“+ 大数据”缔造新产业

每一次技术革命，都会诞生很多新技术，在智能革命中也不例外。我们会不断看到这些新技术，但是具体的技术都只是在“术”这个层面的进步，而新的思维方式和做事方法，才是在“道”这个层面的智慧，它反映在技术和产业相结合的规律上。

2015 年,“互联网 +”是一个热门词。不过，我觉得用“+ 互联网”这个词更合适。类似地，对于大数据的应用，我们也可以像过去“+蒸汽机”“+ 电气”那样，把它概括成“+ 大数据”。

我们在前面提到过的金风公司的案例在 2015 年又有了新的进展。在和我进行了多次关于大数据时代商业模式的探讨后，该公司决定向 IBM 学习，在商业模式上做出根本性的转变，即主营业务从风能发电机的制造，转变成发电设备的运营和服务。当然，并非什么公司想做服务就能做得好并挣到钱，金风公司有底气转型，源于其在宏观上对全球风能市场的了解，在微观上对每一台风能发电机运营细节的了解，加上通过大数据对发电机可能出现的问题的分析，它能够比一般工程公司更有效地维护发电机。至于发电机的生产，该公司只负责研制，然后将设备制造交给其他公司去做。这样一来，金风公司就在风能发电领域成功地复制了 IBM 服务的模式。大多数亚洲制造企业虽然在全球市场上占的份额不小，但是通常的竞争手段就是压低利润降价，最后把整个行业变得都没有利润。金风公司转型的做法，或许能给这些企业一些启发。当然如果没有大数据这样的机遇，这种转型是非常困难的。

与金风公司面临类似情况的还有诸多电器生产厂商。这些电器无论是高端的还是低端的，厂家只能赚到一次钱，而且由于亚洲制造业同行相互压价，利润也不可能很高。为了解决利润的问题，一些对新技术敏感的公司想到了利用大数据和移动互联网来改变商业模式。

新商业模式的契机

GE 公司是美国电器行业的龙头老大，在过去，它的冰箱和其他大电器的利润一直不错，但是自从亚洲制造的相关产品开始冲击美国市场后，GE 家电部门的利润率就开始下降。在 2008 年金融危机之前，它靠给购买家电的顾客贷款维持利润，每年平均 12.99% 的利息实际上让 GE 把一次性买卖变成了细水长流的生意。但是在 2008—2009 年的金融危机中，很多人还不上借款，导致 GE 家电部门严重亏损。提供贷款这条路也走不通了，GE 开始想别的办法来维持家电部门的利润。它们想到了移动互联网和大数据。

GE 将 Wi-Fi（无线热点）安装到它的冰箱和其他大型家电上，用来提示用户更换冰箱取水器的滤芯等消耗性材料。这些滤芯通常需要每半年更换一次，但是大部分用户都难得更换，即使冰箱上的指示灯亮了。GE 将冰箱通过 Wi-Fi 连到互联网上之后，可以通过手机 App（应用程序）来提醒用户及时更换滤芯，这样一来用户更换滤芯的比例提高了很多。值得一提的是，用户订购滤芯只需要在手机 App 上点击确认即可，GE 可以用快递将滤芯直接邮寄给用户，这样就省去了很多中间环节。对 GE 来讲，两个滤芯（可以使用一年，大约 100 美元）的利润就抵得上一台冰箱本身的利润。

当然，作为一家相对传统的企业，GE 做得并不彻底。它虽然通过获得的用户数据持续不断地在挣滤芯的钱，但是并没有完成从产品销售到提供服务的转变。相比之下，一些新入行的小公司就走得远很多了。

图 5–15 GE 智能冰箱能及时提示更换取水器的滤芯

2016 年，我们基金在办公室里安装了美国 Bevi 公司（智能饮水机企业）的一种外观很像冰箱的饮料机。它里面有五六种浓缩饮料，可以根据你的口味提供多种果汁饮料；你还可以选择常温和低温（冰镇），加汽或者不加汽。这种饮料机是免费提供的，每个月收取 300 美元的使用费（它还有家庭型的，体积稍小），可以满足一个 30 人左右办公室的饮水需求，比购买同类饮料能够节省 70% 的费用。Bevi 饮料机里面有很多传感器，可以通过网络随时通知它的服务部是否需要填装浓缩果汁或者更换滤水器了；如果需要，它的服务人员就会上门更换。此外，该公司会根据用户的喜好调整果汁的种类，同时推荐它的新品种。

Bevi 公司的商业模式并不复杂，但它代表一种趋势，就是将冰箱这类家电由消费电子产品变成一个延伸到家庭中的销售平台，或者服务媒介。以前，家电就是家电，它们为我们提供特别的功能，比如保存食品、播放娱乐节目，或者调节温度和净化空气。但是今后，它们可以扮演更多的角色，可以了解消费者的生活，从千百万用户那里收集到关于用户的大数据。通过分析这些数据，家电公司可以牢牢地把握住这些用户，知道他们接下来需要什么，有的放矢地推销后续产品。

在过去，任何试图强行推广营销的做法都会适得其反，因为推荐的绝大部分产品和服务都不是客户需要的，最多算是锦上添花，时间一长，客户干脆彻底关闭各种推广的大门。在有了大数据之后，如果制造业的厂商能够把思维方式变成“+ 大数据”，那么就能够像 Bevi

公司那样比较准确地把控每一个用户、每一种产品和每一次使用的细节，给用户提供雪中送炭的服务。做到这一点，制造业就会得到全面升级，同行之间比拼的不再是价格的高低、功能的多少，而是服务的好坏了。此外，当厂家能够了解到顾客的生活细节，就能绕过很多经销的中间环节，直接和顾客做生意，这样利润率就有了保证。以 Bevi 公司的生意为例，它收取的服务费折算到每瓶饮料上大约是 0.25 美元，而成本应该在 0.1 美元以下，其中浓缩饮料本身成本 5 美分，其他成本也是 5 美分。在美国每一瓶饮料中，饮料本身的成本不超过 5 美分（包括星巴克咖啡也是如此），而瓶子的成本大约是 0.1 美元，剩下的都是渠道等成本，最终的售价在 0.5~1 美元之间。对比这两种商业模式，Bevi 公司通过直销能获得 50% 左右的毛利，而冰箱厂家，连 20% 的毛利都做不到。

上述做法实际上是今天很多传统电器公司都可以采用的，但事实上，大多数电器制造商并没有这么做，因为它们还没有形成大数据的思维方式，尽管它们一再声称自己要转型。

重新定义家电行业

2013 年，中国工业界发生了一件在媒体上被热议的事情，即所谓的“雷军和董明珠之争”。这一年的 12 月 12 日，中国经济年度人物奖获得者小米手机公司的创始人雷军先生和格力电器公司的 CEO 董明珠女士在全国电视观众面前打了一个 10 亿元人民币的赌——前者表示当时年收入不足百亿元的小米公司能够在 5 年内超过当时年收入已经过千亿（1 200 亿元）的格力电器公司。当时大家也是抱着看热闹的心态观战这两个人的赌局。从表面上看，这是两家企业负责人之间相互赌气，前者对自己公司早期的成功信心满满，对家电行业的老前辈提出挑战；后者对前者不重视制造业、缺乏核心技术、靠资本运作的做法看不上眼，于是就产生了观念上的冲突。但是，在这场豪赌的背后，其实突显出的是两种不同时代企业家在思维方式上的冲突。

2013 年小米刚成立不久，它还只是一家手机制造公司，其主要收入来源就是它的手机销售，非常单一。在历史上，中国曾经出现过一批又一批的家电公司，从早期的游戏机、电视机、DVD 机、个人计算机到翻盖手机。这些公司的黄金时代都不会很长，随着一种新技术和新产品的出现而兴起，然后被下一次的产品更新淘汰。因此在董明珠看来，小米就是一个没有核心技术的亚洲制造企业，和上述企业没有什么区别，最好的情况不过是做成一家新的联想计算机公司而已。想想联想那一代公司，由于不掌握操作系统，不制造处理器，最终都走上了打价格战，在低层次上竞争的道路。事实上，从 2013 年开始，小米为了增加市场份额，确实曾经用极低的价格推广它的低端手机，并在随后的几年受到中国其他手机厂家的挤压，一度到了崩溃的边缘。当然这是后话。

2013 年，格力的情况则相反，由于它多年来致力于发展自主知识产权，打造基于技术的核心竞争力，在全世界电器行业颇有发言权。

当初和雷军打赌时，董明珠很自豪地宣称自己有 3 000 多项核心技术专利，这是她的信心所在。因此，当时的格力看不起移动互联网的“暴发户”小米是情理之中的事情。

很快 5 年过去了，董明珠宣布格力获胜。因为到了 2018 年，格力的销售额接近 2 000 亿元，而同期小米的销售额只有 1 750 亿元左右，差了不少。但是，媒体和 IT 行业并没有多少人对格力表示祝贺，因为这 5 年它整体增长率不过是 60% 多一点，而小米却增长了 20 倍。公平地讲，格力电器的增长速度超过同期中国 GDP 的增长，不能算慢，特别是在家电行业，这个业绩已经很亮丽了。但是它却选择了一条艰辛且看不到前途的道路，在过去的 5 年里浪费了大数据和移动互联网最好的发展机会，原本能够在智能时代取得的先发优势完全没有拿到。

每当我在各种场合说到格力这类企业如果不接受智能时代的思维方式，必将走上一条不归路时，就会有人对我的这种说法提出挑战。因此，我们还是让事实来说话，不妨看看全世界家电产业的实际情况。

在过去的 40 多年里，世界上主要的家电企业都一直在努力地发明和创新，像三星、索尼、东芝和佳能等公司长期在美国专利榜占据前 10 名的位置。表 5–2 是全世界获得美国专利最多的企业排名。从中可以看出，IBM 是长期以来的第一专利大户，随后有很多日本的家电企业，今天炙手可热的苹果、亚马逊等反而不在其中。

表 5–2　全世界获得美国专利最多的公司

2012 年	2013 年	2014 年	2015 年	2016 年	2017 年
IBM	IBM	IBM	IBM	IBM	IBM
三星	三星	三星	三星	三星	三星
索尼	佳能	佳能	佳能	佳能	英特尔
佳能	索尼	索尼	高通	英特尔	佳能
松下	微软	微软	谷歌	谷歌	谷歌
日立	LG	东芝	东芝	高通	GE
微软	东芝	高通	索尼	GE	高通
LG	松下	谷歌	LG	LG	LG
东芝	日立	松下	英特尔	微软	微软
GE	谷歌	GE	微软	台积电	台积电

在上榜的家电企业中，除了三星，其他家电企业在世界经济中的地位正在不断下降。在人们眼中，这类企业和创造力越来越没有关系了，已经开始落伍了。事实上，很多曾经引领过世界电子产品发展的知名公司都在苦苦挣扎，索尼公司还一度到了破产的境地。这似乎是一个悖论，专利数比谷歌、苹果、微软和华为更多的家电企业，居然竞争力越来越弱。这说明专利技术和创造力、竞争力并没有那么强的关联性。简单地讲，通过专利建立壁垒是工业时代最有效的思维方式，在互联网时代以及当今的智能时代却不是那么有效。这并非家电企业不努力、科研投入不够、新产品开发得不多，而是由家电行业自身的特点决定的。

以格力电器所在的空调行业为例，每台家用空调能用5~10年（甚至更长的时间），而且它的购买和安装不像买手机那么容易（虽然今天空调的价格其实和高端手机差不多），要折腾一天甚至好几天。因此很少有人经常换空调，人们对空调的期望也自然是用的时间越长越好。这样一来，这种大宗电器市场在发达国家和中等收入国家就是一个增量市场而已，即只有那些需要更新大电器的家庭才会考虑购买新品。事实上，在工业化国家，除非某年遇到了特别极端的天气，否则空调的销售非常稳定，不会有增长。在中国，由于城市化的进程还没有完成，大家暂时没有察觉到市场快要饱和。至于更换较频繁的小家电，利润很薄，对一个大型家电企业业绩的提升非常有限。因此，如果仅仅是卖硬件，做空调的一定比不过做手机的，因为后者几乎年年要更换，这也是为什么苹果公司主要靠 iPhone 一款产品，能成为全世界最挣钱的公司。但是索尼哪怕是在它最辉煌的年代，离这个位置也还差得很远。因此，我看低传统产业的发展前景，并不是特别偏好新兴企业，而是因为传统产业的思维方式和商业模式限制了它们的发展。比如，错误地以为多几千个专利就能弥补商业模式和做事方法论上的缺失，那是在和时代过不去。

但是，如果换一个思路来思考问题，采用“+ 大数据”“+ 互联网”的方式来重新定义家电行业，就会在这个看似波澜不惊的行业里发现巨大的商机。这时，大型家电长期不更换的特点，反而从劣势变成了优势。

用数据持续赚钱

在今天这个全世界都不得不以消费带动经济发展的时代，最大的生意不是一次性给大家一件昂贵的商品，而是要能够不断地让消费者掏钱，特别是让他们为之前想象不到的需求掏钱。为做到这一点，商家就要让一个能够了解家庭情况、收集数据，并且能够提供持续不断服务的产品进驻家庭。这一点早在 20 多年前比尔·盖茨的《未来之路》一书中就看得清清楚楚了。从此，占据每个家庭的客厅和卧室，就成为微软、谷歌和亚马逊这一代又一代 IT 企业和互联网公司的梦想。但是这件事在过去做不到，因为不是每家都有 Wi-Fi 路由器、都需要用万物互联技术控制家电，也无法将大量的数据从家庭收集上来后存储和处理。但是这个思路没有错，因此上述公司才不断采用新的技术在这方面进行新的尝试。

早期微软通过游戏机和娱乐中心进入家庭，苹果则是通过 Apple TV 进入家庭，它们的努力因为时间太久远，我们就不说了。在 2008—2009 年金融危机之前，谷歌也开始了类似的努力，虽然一度由于金融危机中断了相关项目，但是 2010 年，谷歌终于推出了自己的电视机顶盒 Google TV（见图 5–16）。当然，在这方面毫无经验的谷歌做得如此之差，以至到了 2012 年，它每个季度退回来的机顶盒比卖出去的还多，并且最终不得不彻底放弃了这个产品。但是，谷歌并没有放弃通过进入每一个家庭客厅将来能够收集数据、挣取服务费的想法。2014 年，谷歌斥巨资（32 亿美元）收购了只有 130 名员工、

图 5–16 谷歌颇为失败的 Google TV 产品，当初它的广告是电视机与互联网的结合

用户数量 200 万左右，还处在亏损状态的 Nest 公司（见图 5–17）。随后它又花了 5.55 亿美元收购了家庭录像监控公司 Dropcam，这样就能获得更多的居家数据。巨大的投入终于换来成功，在随后的几年里，谷歌将这些服务整合，做成了谷歌家庭（Google Home）的服务，并且在全球范围内做到了市场占有率第一。和谷歌类似，亚马逊经过了很长时间的努力，也最终通过一款高质量的 Wi-Fi 智能音箱 Echo 进入了家庭。这款音箱背后是一个能识别几十种语音，并且带有简单自然理解的对话系统 Alexa。它可以作为家庭和各种互联网服务的入口，帮助家里订外卖、叫车，控制家里的家电，当然也可以实现网上购物。除了亚马逊和谷歌，苹果在 2019 年宣布往服务方向转型，而小

图 5–17　谷歌旗下 Nest 智能空调控制器，其实是一个数据收集器

米公司一直在努力把自己打造成一家互联网公司，都说明它们正在追赶这种趋势。

大数据、万物互联和人工智能等新技术给家电企业带来了新的发展机遇。今天，家电在家庭中的作用需要重新定义了，它们会成为家庭和外部世界连接的枢纽，并且帮助家电企业不断地从消费者身上挣到钱。应该讲，不少传统的家电企业已经看到了这个趋势，并且在努力转型，比如三星和飞利浦。今天的飞利浦其实早不是 30 年前的全球家电龙头企业了，因为它在和中国家电企业的竞争中全面溃败。今天的飞利浦只剩下和个人健康相关的家电产品了，这个市场也不小，但是如果不思进取也会被中国企业超越。因此，它正在通过云计算和 IoT 技术改变单纯销售硬件的商业模式，增加服务的收入，试图重新崛起。2017—2019 年，它的家电部门业绩不断提升（年均增长 5%），这和它在过去的20年里不断萎缩形成了鲜明的对比。至于小米这样新一代的家电企业（我们权且也将它归入这个产业），从一开始，就致力于通过互联网将自己打造成服务性的公司，它卖的各种智能硬件产品只是它进入家庭、连接个人的入口。

公平地讲，大部分家电企业即使在讲互联网思维和大数据思维，他们真实的思想其实也依然局限在摩尔时代——做硬件，卖产品，通过功能和价格取胜。如果沿着这条路走下去，即使它们在短期内可以通过挤压竞争对手获得发展，也将失去一次绝好的转型机会，不免会被淘汰。

在争论小米和格力哪一家企业更有前途时，董明珠问了雷军一个问题：如果没有生产工厂，小米还能有销售吗？显然，董明珠按照思维定式把小米当作制造型企业来看待，并且认为作为制造型企业，产品的核心技术、自主知识产权和生产能力最重要，这说明董明珠没有理解小米做的事情。其实小米不太像格力，更像是谷歌家庭或者亚马逊。今天没有人会因为谷歌家庭和亚马逊缺乏制造能力而挑战它们，那么为什么要用同样的理由挑战小米呢？这说明她对产业的理解出现了偏差。企业一旦偏离了方向，跑得越快，离目标就越远。作为已经占领了家庭客厅和卧室的格力电器，却在智能时代主动放弃了手中的金饭碗，实在是一件令人惋惜的事。

还是以空调为例，我们前面讲到它5~10年才更换一次，这在过去限制了它的市场规模，而在今天这恰恰成为它的优势所在，因为空调厂家可以通过服务挣不止一次的钱。我们知道，空调里的过滤器

（过滤网）一般需要 3~6 个月更换一次，而且最好同时由专业人士做一次清洁，否则细菌和霉菌会吹得满屋子都是，空调的运转效率也会下降。这项服务的利润是很高的，两三年累积下来比空调本身的利润要高得多，长期下来通过服务挣到的利润非常可观。但是，如果空调每年都会更换，厂家反而不能挣到服务费了。

不过，在过去，厂家不可能挣到服务费。大部分家庭很少主动对空调进行维护，因为自己做太麻烦，而找专业人士来做，那些小团队价格随意性很大，每次沟通的边际成本也不低。更主要的是，大部分人常常忘了维护，直到空调出故障之后才会找人上门来修理。厂家想赚这笔钱，但是在过去赚不到，因为厂家很难和消费者产生直接的联系——批发商和零售商将这种联系阻断了；即便联系能够建立起来，厂家也无法跟踪自己产品的使用情况。但是在大数据时代，这件事情就能做到了。家电厂商可以将自己的产品做成 IoT 设备，通过跟踪技术（我们后面会讲到）了解自己所生产的电器的工作情况，并且逐步了解用户的情况，然后细水长流地挣钱。这就是小米电器和传统电器产品的区别。如果格力能够谦虚一点，在思维上学习小米，就能够实现从单纯制造到长期服务的转型；如果它能够像谷歌或者亚马逊那样有心，甚至可以转型为互联网公司。当一家企业能够有机会为每一个家庭提供服务时，它的生意就不会中断。当然，一个公司要改变已经习惯的商业模式是非常困难的，事实上在过去七八年里，格力在产品本身做了很多改变，但是思维方式并没有改。

我在本书第一版中这样写道："至于小米是否能在 5 年内（2013—

2018年）超过格力，我倒认为雷军的话说得太满了，从长远看，如果小米不出现重大失误，它一定能够超过格力，但是这个时间点恐怕不是2018年。”

事实上，到2018年底，两家企业的差距要比我之前想象的小。这并非是小米进步快，更多的原因是格力错过了一些机会。在2013—2018年的5年时间里，小米公司其实一直在摸着石头过河，中间犯了无数的错误：它尝试研发了很多家电产品，从小家电到空气净化器等，大部分都算不上很成功，比如电视机和很多可穿戴式设备。但值得肯定的是，小米所有的产品都能够联网，能够收集数据了。因此随着时间的推移，它通过数据建立起来的壁垒就会越来越高，通过互联网推广新产品和服务的成本就会越来越低。同时，格力并没有犯明显的错误，并且在行业中表现良好。但是时代站在了小米一边，格力是输给了时代而并非小米。雷军和董明珠之争从本质上讲，其实是信息时代和摩尔时代不同的思维方式的冲突，是利用大数据细水长流做生意，还是做一锤子买卖。前者容易通过用户数据的积累获得可叠加式的业绩增长，每多一个用户就多一份市场；而后者每一笔生意几乎都是从头开始，甚至每卖掉一台空调机，市场就小一点点。所幸的是，智能时代刚刚开始，格力还有转型的机会，这就要看它有没有改变自己基因的决心了。[1]

曾几何时，商学院里所讲授的吉列公司送刀架卖刀片的商业模

① 关于一个公司基因对它发展的影响，有兴趣的读者可以参考拙著《浪潮之巅》。

式，是各个厂家心仪的做长久买卖的方法。但是在过去这种商业模式很难模仿，因为商家和顾客的联系主要靠品牌，并不紧密。大数据和移动互联网的出现，第一次给厂家提供了和消费者直接建立一种细水长流商业关系的机会。今天，厂商之间的核心竞争力不再是商品本身，而是看谁能整体把握住这个机会。也就是说，与其将研发资金和技术力量投入在过去理解的核心技术上，不如投入在数据化和智能化上。这也就解释了为什么拥有大量专利的家电企业，今天的竞争力并不强，因为它们所拥有的并非数据处理和人工智能的专利。

从蒸汽机时代、电气时代到半个多世纪前开始的信息时代，一直验证着这样一个规律，即原有的产业加上新技术就成为新产业，不认可这一点，终将被淘汰。在今天的大数据和机器智能时代，这条规律依然成立。

在 2016 年本书第一版出版之后，绝大部分企业家都认可了大数据和智能的时代正在到来这个事实，也渴望着在新的时代自己能得益于大数据和机器智能。对于选择踏上新时代浪潮的公司，是否都要成立大数据部门，是否都要转型成为 IT 公司，这类问题没有一个简单的“是”或者“非”的答案，不同的企业应该会有不同的选择。但是，有两点是共同的：首先，它们在人员构成上一定会有大数据专家的加入，这样才能判断和决定未来的技术方向；其次，大部分企业并不需要自己成为大数据和机器智能开发的公司，而是需要率先使用这方面的技术。这就如同韦奇伍德不需要自己制造蒸汽机，他只要购买瓦特的蒸汽机然后善加使用即可。对于绝大多数企业来讲，与其打造一个三流的人工智能部门，不如付费使用一流的第三方服务。今天无论是在中国还是在全球范围内，专业的大数据和机器智能公司正不断涌现；今后，这类工具就如同水和电一样会成为一种资源，由专门的公司提供给全社会使用。

本章小结

从工业革命开始，几次主要的技术革命都遵循相似的规律。首先，大部分现有产业加上新技术等于新产业，或者说，原有产业需要以新的形态出现。其次，并非每一家公司都要从事新技术本身的开发，更多时候它们是利用新技术改造原有产业。这次以大数据为核心的智能革命也不例外，我们将看到它依然会延续这两个特点。每次技术革命都会诞生新的思维方式和商业模式，企业只有在思维上跟上新的时代，才能在未来的商业中立于不败之地。

篇结束语

历次工业革命之所以能够对社会产生重大而且不可逆转的改变，除了技术提升了生产力，让产业和商业跳跃性发展之外，更重要的是引发了思维的革命。思维方式的好与坏、先进与落后，决定了一个人能否利用得好技术革命的成就，使自己成为时代的主人。

从科学启蒙时代到 20 世纪初，在科学、技术和工商业上取得重大成就的人，在很大程度上都相信机械论的确定性，并且有信心通过理性发现新知，发明新产品，并且改进工业生产。不接受这种思维，依然依靠经验论做事情的人，因为进步的速度慢，就会被淘汰。当然，通过笛卡儿所谓的理性得到了规律性是很容易解释的。

到了第二次世界大战之后，信息在科技、经济以及社会生活中的地位变得越来越重要。到了 21 世纪，大数据的出现使我们有可能再次通过经验发现真知，并且总结出暂时无法解释的规律性。我们在这一篇中举了很多有了可以相信的结论却找不出原因的例子，这些看似难以解释的结论，直接使用后，会给我们带来极大的益处。因此在大数据时代，我们的思维也应该做相应的改变，否则就难以适应当下的社会。

（未完，见下卷）

ISBN 978-7-5217-1669-6
定价：129.00 元（全两卷）

阅读新世界
扫码得好礼